人因工程设计
及精彩案例解析

唐智 黄波 等编著

化学工业出版社

·北京·

本书介绍了人因工程学的基本概念和相关理论，并用相关案例说明理论的运用方法。最后用具体完整的设计案例阐述人因工程学在设计过程及评估中的应用，使读者对人因工程学在设计中的应用有全面的了解。

本书适宜从事工业设计的相关人员阅读。

图书在版编目（CIP）数据

人因工程设计及精彩案例解析/唐智等编著. —北京：
化学工业出版社，2020.6（2022.9重印）
ISBN 978-7-122-36492-0

Ⅰ.①人…　Ⅱ.①唐…　Ⅲ.①人因工程-案例　Ⅳ.
①TB18

中国版本图书馆CIP数据核字（2020）第046886号

责任编辑：邢　涛　　　　　　　　　　文字编辑：陈小滔　袁　宁
责任校对：赵懿桐　　　　　　　　　　装帧设计：韩　飞

出版发行：化学工业出版社（北京市东城区青年湖南街13号　邮政编码100011）
印　　装：北京科印技术咨询服务有限公司数码印刷分部
710mm×1000mm　1/16　印张17　字数186千字　2022年9月北京第1版第2次印刷

购书咨询：010-64518888　　　　　　　　　　售后服务：010-64518899
网　　址：http://www.cip.com.cn
凡购买本书，如有缺损质量问题，本社销售中心负责调换。

定　　价：88.00元　　　　　　　　　　　　　　　版权所有　违者必究

前言

    人因工程是设计学中一个重要的领域，与其密切相关的研究领域有工业工程学、人机工程学、交互设计学、设计心理学、人类工效学和人类行为学。这些研究领域互相深入支撑，互相发展，但又自成体系。因为工作关系，笔者曾到访过国内外很多著名高校，包括英国的拉夫堡大学、荷兰的代尔夫特大学等以设计工程学著称的重要学府。拉夫堡大学的设计学院深度融入体育科学，在与体育相关的产品开发和运动员的科学训练方面都进行了深入研究，也非常重视人因工程对设计学的促进和内涵建设，甚至认为这是设计工程学的核心内容，在参观的过程中，了解到学院甚至提供人因工程和交互设计的硕士学位，这在世界范围内也是罕有的。代尔夫特大学也非常重视人因工程的研究，笔者和同事也会定期参加 Peter Vink 教授的国际舒适大会，在 *Ergonomics* 等业内期刊上经常能看到代尔夫特大学的研究成果，为此我们也连续三年邀请设计学院的相关老师到东华大学机械工程学院开设相关主题课程。通过持续的合作交流，为我们的本科生和研究生也带来了新的知识。也希望本书可以教学相长，为大家做好知识服务。

本书结合多年的设计实践和教学经验，力求在保证科学性、知识性和实用性的前提下，从四个不同的切入点进行阐述。本书前四章以人体尺寸参数、人体感知与运动机能、人体生理及心理负荷几个方面为主要内容，从"人"的角度出发进行相关理论阐述，并用大量的设计案例解析这些人的因素对设计的指导与影响。第五章以人机交互为主要内容，从"人-机"的角度阐述人与产品关系的设计，包括设计目标和原则、界面设计等，另外将虚拟现实交互作为较为新型的交互方式进行设计案例分析。第六章从"人-环境"的角度切入，人因工程学与空间环境设计中不仅关注人体舒适性、人的心理与空间环境的关系、人的行为与空间环境的关系，也关注了环境空间中的光、声、空气等安全因素设计的问题。第七章和第八章主要进行设计案例的分析。第七章主要以几款智能产品为例，从设计尺寸到交互方式的人因工程方面设计要点进行分析。第八章详细阐述一款分享行为启发的儿童玩具的整个设计思路和制作过程，设计过程和评估中运用到大量的人因工程学理论和方法。

　　本书具有以下三个特点。①可读性强。本书从知识和理论入手，在此基础上延伸到具体设计案例，图文结合，深入浅出，便于读者认知与学习，在最后章节呈现多个设计案例，使读者对人因工程学在设计应用中的解读更为深入有效。②内容全面。本书内容涉及广泛，涵盖了人因工程学的若干主要方面，结合恰当的案例理论和方法的阐述，具有很强的指导性。③针对性强。本书主要针对从事工业设计的相关人员，书中的案例分析都是从工业设计相关的角度展开的。

人因工程学作为设计领域重要的基础理论学科，本书将是产品设计、工业设计专业学生及相关从业人员的指导用书。

本书由唐智负责主持编写，黄波编写了部分章节，杜嘉婧、徐昌、窦今侦、赵熠煊等研究生也参与了本书的部分工作，特别要感谢杜嘉婧同学，她的责任心和认真的做事态度保证了本书的出版进度。由于作者水平所限，书中难免有疏漏和不足之处，恳请广大读者批评指正。

唐　智

2019 年 12 月

目录

· Contents ·

第1章

绪　论

1.1
人因工程简介

人因工程学（Human Factors Engineering），是一门快速发展的综合性学科，主要探讨人、机械及其工作环境之间的相互作用，其研究范围涉及生理学、心理学、管理学、人体测量学、解剖学、安全科学、环境科学等众多学科。国际人类工效学学会（International Ergonomics Association）于 2000 年的定义为：人类工效学（Ergonomics，即人因工程学）是研究人在某种工作环境中的解剖学、生理学和心理学等方面的各种因素，研究人和机器及环境的相互作用，研究在工作中、生活和休息时怎样统一考虑工作效率、人的健康、安全和舒适等问题的学科。我国由于人因工程学起步较晚，目前尚未有统一的命名和定义。另外，由于该学科的应用范围极其广泛，各个领域的专家学者都可以根据自己所研究的方向和立场对该学科进行定义，因而世界各国或同一个国家，对该学科的名称、定义也不是很统一。名称不同，其研究侧重也有所不同。

1.1.1 人因工程发展简史

人因问题的研究同人类社会一样久远，自从人类为实现某种目的进行创造性活动时，设计与人因问题便产生了，从这个意义上来说，它标志着人类智慧的萌发。人机关系的发展从人类有意识地制造和使用原始工具开始，按照人类活动的历史，大致经历了工具时代、机器时代、动力时代和信息时代，见表1-1。人因工程学也随着科学技术的发展经历了以下产生、发展的过程。

表1-1 人因工程的发展

发展阶段	主要活动时间	研究领域
工具时代	距今 5000—2000 年	农耕工具、狩猎武器
机器时代	1765—1870	蒸汽机、纺织机
动力时代	1870—1945	军事装备、建筑设施、生活用品、机械设备
信息时代	1945—	航空航天、电子信息、数字媒体

（1）工具时代

从用石材制造工具和器皿开始，人类就注意使其尺度和重量基本适应人手的尺度和体能。随着金属材料的使用，工具和器皿的制作也更加精良，也更适合人的使用。在中国的战国时期，人们已经开始合理设计农耕工具和枪、矛等各种冷兵器握柄的截面形状（圆形或椭圆形），以利于控制方向，甚至考虑到根据使用者的性情和使用条件选用不同性能的弓箭，以达到人与弓箭的完美统一。人类早期制造和使用的工具相对简单，人机问题不是很突出，在其发展过程中，自觉地协调着人与其使用工具和器皿之间的尺度、形态等关系。图1-1展示了古代磨制石器。

（2）机器时代

人类生产方式和生产工具的快速进步是从工业革命（1765—1870年，也称为第一次产业革命）开始的。蒸汽机和纺织机等各种机器设备的广泛应用，使手工劳作为主的家庭作坊逐渐被集约化的以机器生

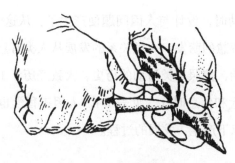

图1-1 古代磨制石器

产为主的工厂取代。人所使用的工具、设备日益复杂，一些机器设备上已开始出现早期的自动控制装置，人的工作方式也开始变化，生产方式由手工劳动时代进入机械化生产时代。在这一阶段，功能主义与实用主义的趋向愈加明显，人因工程学的研究方向也逐渐集中到如何能最大效率地使用机器。

（3）动力时代

随着以内燃机和电动机的广泛使用为代表的第二次产业革命（1870—1945年）的到来，生产技术进入电气化时代，如何提高工人的工作效率、减轻疲劳成为一些相关领域学者关注的目标。1884年，德国学者 A. Mosso 通过测量流经人体的微电流的变化对人体疲劳进行了研究。截至目前，类似的研究方法现在还在使用。19 世纪末，美国学者 Frederick W. Taylor 提出应以科学的方法寻找最佳工作法的原则，并进行了著名的铁锹铲矿砂作业的试验研究。经过一系列试验发现，工人每锹铲起 100N 重量的矿砂时，工人的日工作量可以达到最大，并据此设计不同规格的铁锹铲，从而使原来由 400～600 人完成的矿砂搬运工作仅需 140 人即可完成。Taylor 以试验的方法分析工作并依据试验结果设计工具的做法给后人很大启示。不仅如此，他创立了新的管理方法和理论，制定了高效的操作方法，20世纪初，他的研究成果在西欧和美国得到推行。他的研究内容已经涉及人和机、人和环境的关系等问题，如动作时间研究、工作流程与工作方法分析、工具设计、装备布置等，这些方法和理论为人因工程学作为独立学科的产生和发展奠定了基础。

第二次世界大战期间，出现了多种高效能的新式武器和装备，由于在设计中忽略了人的因素造成操作失误，甚至发生意外事故。例如，由于战斗机的仪表或控制器位置设计不当，造成飞行员误读仪表或误操作而导致事故，或者由于操作过于复杂、仪表和控制器的布局不符合人体尺寸造成命中率降低。决策者和设计者通过对事故的分析，认识到武器装备的设计必须考虑到人的因素，必须使机器适应人，符合综合生理学、心理学、人体测量和生物力学等相关学科的要求，而不仅仅是满足工程设计。在战争期间，解剖学家、生理学家、心理学家等相关领域的专家一起开展了军事领域人的因素的综合研究与应用，从而使人因工程学的研究更加系统、全面、科学，因此，这一时期被称为人因工程的科学阶段。

战争结束后，学科的研究逐渐发展到生产和生活领域，在飞机、汽车、机械设备、建筑设施和生活用品的设计中开始应用军事领域的研究成果。

（4）信息时代

1945年以来的第三次产业革命使电子技术在生产、生活中广泛应用，航空、航天、原子能、计算机、信息等技术有了长足的发展，科学技术的发展扩展了人因工程学的研究领域。在宇航技术中，人在失重和超重情况下的感觉和操作的问题是人因工程学遇到的新问题。同时，自动化技术的发展并没有降低人在系统中的作用，只是工作方式有了改变，由初期的能量提供者和控制者到单纯的控制者，再到程序的编制者和监控者，人机关系更加复杂，人机协调问题也越来越重要。信息技术的发展，新的显示、控制技术的出现，也为人因工程的研究提供了新的课题。在数字媒体领域，软件界面和网页界面设计的人因研究也备受关注。

科学技术的发展为人因工程学的发展提供了理论和研究手段的支持。控制论、系统论、信息论和人体科学等新理论的建立，为人-机-环系统工程研究奠定了理论基础，计算机和测控技术的进步为人因工程学研究提供了强有力的实验手段。科技的飞速发展在极大地扩充人因工程的发展。

1.1.2　人因工程学科体系的发展

由于人因工程的交叉性，其自身的理论体系在发展过程中不断地从其他学科中吸取相关知识和研究手段。从其研究目的来看，该学科实际为人体科学、环境科学不断向工程科学渗透和交叉的产物。

20 世纪 60 年代早期，人因工程学家通常仅在生理学或心理学方面接受过正式的教育。人因工程学的正式学位授予课程于 1962 年在拉夫堡大学成立，随后的课程由伦敦大学学院和布鲁内尔大学、伯明翰大学、阿斯顿大学和萨里大学提供。早期的人因工程学研究旨在了解工作对人类表现的生理、心理和环境影响。随着工作性质从沉重的身体负荷转变为轻度的负荷和久坐，以及在工作场所引入了自动化和机械化，这种情况发生了变化。所以目前的主要研究领域是认知和自动化，人类技能和错误以及培训方法。

这里有必要为本书中遇到的术语提供一些定义。前面已经定义了"人因工程学"，但术语"人文科学""人际关系""人为因素"和"人因工程"也出现在本书中。"人文科学"用于集体描述人因工程学和"人际关系"的研究。"人际关系"是指对工作的社会方面的研究，例如激励的使用或工作对女性家庭生活的影响。"人因工程学"和"人为因素"这两个术语是可以互换的，术语"人为因素"通常（但不是唯一）优先在美国使用。国际人因工程学协会将人为因素定义为"科学学科涉及理解人类与系统其他元素之间的相互作用，以及将理论、原理、数据和方法应用于设计以优化人类福祉和整体系统性能的专业"。"人因工程"是一个在战争期间由 Paul Fitts 在美国开发的术语，描述他对军事任务的心理方面的研究。在本书中使用这些术语将反映它们如何在主要源数据中使用。最后，应该指出的是，美国和英国的人际关系从业者在 20 世纪 30 年代和 20 世纪 50 年代中后期都使用了"人为因素"一词来描述他们的工作。英国和美国的人类科学家使用"人因工程学"这一术语。人因工程的关系如图 1-2 所示。

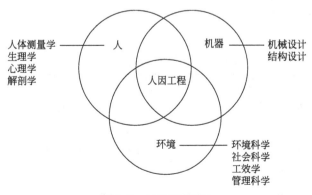

图1-2 人因工程的关系

1.1.3 人因工程的研究内容

当今时代人因工程学的研究包括理论和应用两个方面，但趋势多重于应用方面，由于各国的发展速度和发展基础各不相同，科学与工业基础差距较大，导致其学科研究的主体方向侧重点也迥然不同。例如，美国侧重工程和人际关系，捷克、印度等侧重于劳动卫生学，法国侧重劳动生理学，苏联注重工程心理学，保加利亚则注重于人体测量。

人因工程学研究内容有如下的一般规律，即工业化程度不高的国家往往是由人体测量、环境因素、作业强度和疲劳等方面着手，随着这些国家自身问题的解决，对本学科方向的探索转移到了感官知觉、运动特点、作业姿势等方面的研究；随着国力的进一步发展，转移到操作、显示设计、人机系统控制和人因工程学原理在各种工业与工程设计中应用等方面的研究；最后，则进入人因工程学的前沿领域，如人机关系、人与环境的关系、人与生态的关系、人的特性模型、人机系统的定量描述、人际关系，直至团体行为、组织行为等方面的研究。

参考人因工程的实际应用，本学科的主要研究内容可以概括为以下几个方面（表1-2）。

表1-2 人因工程研究对象与目的

研究对象	研究目的
人体生理特性	提供安全、健康、高效的设计
人机系统一体化	优化人与机器的操作活动
室内空间	提供高效、舒适的工作环境
人机界面	优化人与机器的信息传递
安全装置	提供安全保障、防止人为失误

（1）人体生理特性的研究

人体特性研究的主要内容是在工业产品造型设计与室内环境设计中与人体尺度有关的问题，例如人体基本形态特征与参数、人的感知特性、人的运动特性、人的行为特性以及人在劳动中的心理活动和人为差错等。

该研究的目的是解决机器设备、工具、作业场所以及各种用具的设计如何适应人的生理和心理特点，为操作者或使用者创造安全、舒适、健康、高效的工作环境。如图 1-3 所示，对人体动态尺寸进行研究与分析，以此设计出符合人体尺度的产品。如图 1-4 所示，对人手动作与握力的研究，针对手部的不同姿态与不同尺寸的分析，可以为产品设计提供依据。

（2）人机系统一体化设计

在人机系统中，人是最活跃、最重要，同时也是最难控制和最脆弱的环节。任何机器设备都必须有人参与，因为机器是人设计、制造、安装、调试和使用的，即使在高度自动化生产过程中全部使用的是机器人，也都是人在进行操纵、监督和维修的。由此可见，在人机系统中，人与机器总是相互作用、相互配合和相互制约的，而人始终起着主导作用。国外统计资料表明，生产中 58%～70% 的事故与轻视人的因素有关，这一数字必须引起我们的重视。

（3）室内空间设计

室内空间包含工作场所和生活空间。工作场所设计得合理与否，将对人的工作效率产生直接的影响。工作场所设计一般包括工作空间设计、座位设计、工作台或操作台设计以及作业场所的总体布置等。这些设计都需要应用人体测量学和生物学等知识和数据。研究作业场

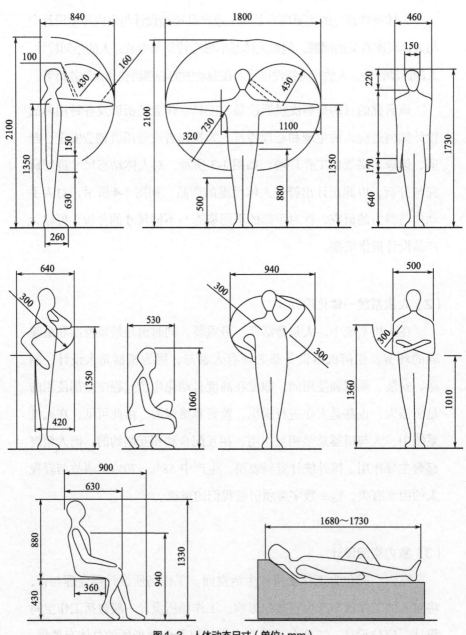

图1-3　人体动态尺寸（单位：mm）

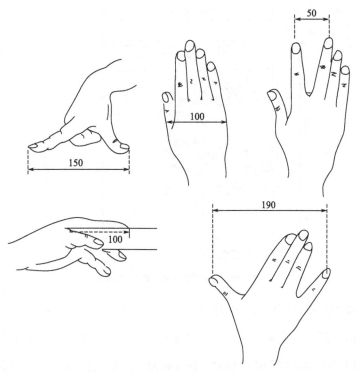

图1-4 手部姿态与尺寸（单位: mm）

所设计的目的是保证物质环境适合人体的特点，使人以无害于健康的姿势从事劳动，既能高效地完成工作，又感到舒适，并不会导致过早产生疲劳。工作场所设计的合理性，对人的工作效率有直接影响，如图1-5所示。

（4）人机界面设计

与机器以及环境之间的信息交流分为两个方面：显示器向人传递信息，控制器接收人发出的信息。显示器研究包括视觉显示器、听觉显示器以及触觉显示器等各种类型显示器的设计，同时还要研究显示器的布置和组合等问题。

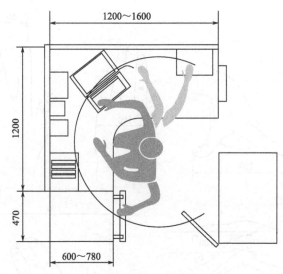

图1-5　办公桌面尺寸（单位：mm）

　　控制器设计则要研究各种操纵装置的形状、大小、位置以及作用等在人体解剖学、生物力学和心理学方面的问题。在设计时，还需考虑人的定向动作和习惯动作等要素。图1-6为一款游戏手柄的设计，每一个按键的造型以及布局都要考虑到人的生理与心理尺度，这样才使人不会产生操作失误，从而提高准确率。如今进入信息化社会，产品人机界面也发生变化，现代产品已经被虚拟界画所包围，因此在图标的设计中要更多地考虑人的心理感受。图1-7至图1-9为各种产品操控界面设计。

图1-6　Xbox 精英手柄

图1-7 飞机仪表盘 图1-8 航空管制员操控台

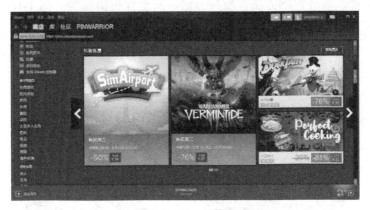

图1-9 steam界面

（5）控制和人身安全装置的设计

要研究人与机器及环境之间的信息交换过程，并探求人在各种操作环境中的工作成效问题。信息交换包括机器（显示装置）向人传递信息和机器（操控装置）接收人发出的信息，而且都必须适合人的使用。值得注意的是，人因工程学所要解决的重点不是这些装置的工程技术的具体设计问题，而是从适合人使用的角度出发，向设计人员提出具体要求，如怎样保证仪表让操作者看得清楚、读数迅速准确，怎样设计操控装置才能使人操作起来得心应手、方便快捷、安全可靠等。生产现场有各种各样的环境条件，如高温、潮湿、振动、噪声、粉尘、光照、辐射、有毒气体等。为了克服这些不利的环境因素，保证生产的顺利进行，就需要设计一系列的环境控制装置，以适合操作人员的要求并保障人身安全。

"安全"在生产中是放在第一位的，这也是人 - 机 - 环境系统的特点。为了确保安全，不仅要研究危险产生因素，并采取预防措施，同时要探索潜在危险，力争把事故消灭在设计阶段。安全保障技术包括机器的安全本质化、防护装置、保险装置、冗余性设计、防止人为失误装置、事故控制方法、救援方法、安全保护措施等。图 1-10 所示为汽车内部空间设计，从色彩到安全设施都考虑得十分完善。

图 1-10　汽车内部空间

1.1.4　人因工程的研究方法

　　人因工程学广泛采用了人体科学和生物科学的研究方法，同时还包括如系统工程、控制理论、人体科学、生物科学等学科研究中所用的方法，这归因于人因工程学多学科的交叉性、边缘性的特点。这些方法如进行模型试验或电脑模拟试验以分析差错和事故的原因；进行静态人体尺寸和动态人体尺寸的测量，以统计和计算数据内的规律和相互关系；分析研究作业的时间和动作，检测作业中人的各项生理指标和心理状态的动态变化，调查和观察人的行为和反应特征等。这些方法包括：

（1）实测法

实测法即借助于仪器设备（图1-11）进行实际测量的方法。例如，对人体生理参数的测量或者是对系统参数、人体静态尺寸与动态尺寸参数、作业环境参数的测量等。

图1-11 身高体重测量仪

（2）观察法

观察法是指在一定理论指导下，调查者根据一定的目的，用人的感觉器官或借助一定的观察仪器和观察技术（录像机、计时器等）观察、测定和记录自然情境下发生的现象的一种方法。如观察作业时间消耗、流水线生产节奏合理性（图 1-12）、工作日时间利用情况等。

观察法又可分为几种不同的模式，如直接观察与间接观察，直接观察即直接观察人的行为，间接观察即通过对社会环境、行为痕迹等事物的观察，以间接的材料反映调查对象的状况及特征，如损蚀物观察、累积物观察等。观察法还可分为预计观察与随机观察，预计观察即根据预先设计的表格和记录工具，并严格按照规定的内容和程序观察事物表征、动作行为等，随机观察即依据现场的实际情况随机决定观察的内容。根据观察者的角色不同，观察法可分为参与式观察与非参与式观察，参与式观察即观察者以内部成员的角色参与活动，非参与式观察即观察者以旁观者身份进行观察，不参与被观察者的任何活动。

图 1-12　节能灯粘胶流水线

（3）实验法

实验法是人因工程学研究中的重要方法。实验法的特点是可以系统控制变量，不像观察法那样被动，可以使所研究的现象重复发生，反复观察，可对各种无关因素进行控制，使研究结果容易验证。实验法可分为实验室实验法和自然实验法。

实验室实验法指在实验室内，借助专门的实验设备，在严格控制实验条件的情况下进行。实验室实验法能够有效控制实验条件，精确记录被试情况，便于分析和研究。然而，实验室的特殊环境和情境会对被试者的心理表现产生干扰与影响，另外，实验条件与实际生活差别较大，所获结果往往难以在实际生活中推广。自然实验法是在作业现场、日常生活情境中通过适当控制和改变某些条件来研究心理活动的方法。自然实验法通过比较不同条件下各实验组或实验对象的结果，以了解被试者的心理反应和心理活动的状况。这种方法既有观察法的自然性和经济性，又有实验室实验法的主动性和精确性。与实验室实验法相比，更贴近现实生活环境中人的正常反应，因此得出的结论也具有较大的外部效度而利于推广应用。在管理心理学和行为科学领域中，著名的"霍桑实验"就是运用自然实验法的典型。

（4）分析法

分析法是要建立在实验法和实测法的基础上，在获得了一定的数据和资料后，为了研究系统中人和机的工作状态，如功能、工艺流程、工人操作动作而采用的研究方法。例如利用分析法对人操作机械的过程进行分析，首先，要用仪器或摄影机逐一记录下人在操作过程中完成的每个连续动作，然后针对取得的相关信息进行研究分析。主要研究分析人在进行各种操作时的身体动作，对得到的每一个动作要进行排除，去除掉其中多余的动作，纠正不良姿势，使操作简便有效，减轻劳动强度，从而制定出最佳的动作程序，并且提高工作效率。这种提高效率的方法，特别适用于在一个工作班次中对一种动作进行数以万次的重复中应用，事实证明，仅去掉或改进其中的一个动作，都会使生产效率得到显著提高。

（5）模拟和模型试验法

在针对一些复杂的、危险的系统及预测性的研究中，进行人机系统研究常常采用模拟和模型试验法。模拟和模型试验法包括各种技术和装置的模拟，如操作训练模拟器、机械的模型以及各种人体模型等。因为模拟器的危险性小，可控性强又贴近现实，通过对系统进行逼真的试验，从而获得现实情况中无法或不易获得的、更符合实际的数据。模拟器或模型的成本通常会大大低于真实系统，因此得到广泛的应用。图 1-13 以动态模拟碰撞试验的方式真实反映汽车安全气囊的保护作用。

图 1-13　汽车碰撞模拟试验

（6）调查法

调查法是获得有关研究对象材料的一种基本方法，它具体包括问卷法、考察法和访谈法。

问卷法是由研究者根据研究目的编制一系列的问题和项目，以问卷或量表的形式构成资料并进一步分析，以测量人的行为和态度的研究方法。对于被调查的回答，研究者可以不提供备选答案，也可以对答案的选择规定某种要求，研究者对问题的回答结果进行统计分析后做出某种心理学的结论。问卷法标准化程度高、经济、省时、收效快，能在短时间内调查很多研究对象，取得大量的资料，能对资料进行量化处理，尤其在发达的网络信息时代，网络问卷更为广泛使用。

（7）计算机数值仿真法

由于人是有主观意志的生命体，作为人机系统中的操作者，如果像传统物理模拟和模型的研究方法一样去研究人机系统，往往不能完全反映系统中生命体的特征。不但如此，由于现代人机系统越来越复杂，采用物理模拟和模型的方法研究人机系统，成本高、周期长，并且模拟和模型装置一经定型，就很难做修改与变动。为此，人们尝试创新研究更为有效的方法，其中计算机数值仿真法已成为人因工程学研究的一种现代方法，并得到推广使用。

数值仿真是在计算机上利用系统的数学模型进行仿真性实验研究。研究者可对尚处于设计阶段的未来系统进行仿真，并就系统中的人、机、环境三要素的功能特点及其相互间的协调性进行分析，从而预知所设计产品的性能，并进行改进设计。应用数值仿真研究，能大大缩短设计周期，并降低成本。

1.2
工业设计中的人因工程

工业设计是在人类社会文明高度发展过程中，伴随工业生产，与技术、艺术和经济等结合的产物。其目的在于解决人类社会的问题，引导人类健康地工作与生活。人因工程学通过研究人与产品的关系，从而将人与产品进行更紧密的结合。目前，在设计观念上，"形式追随功能"已经由于人的需求而受到重视，以人为核心的设计观念深入人心。实用与审美，物与人的完美结合都需要在设计的方方面面从人因工程的角度进行考虑。

1.2.1　工业设计中的人因问题

从工业设计所包含的内容来看，大到航天系统、城市规划、机械设备、交通工具、建筑设施，小至服装、家具以及日常用品，总之为人类各种生产与生活所创造的一切产品，都必须把人的因素作为一个重要衡量标准。因此在设计中研究和运用人因工程学的理论和方法就成为工业设计师的重要手段。

人因工程学的主干包括了工业设计。到目前为止，工业设计学科还没有完全形成自己系统的核心理论，而人因工程学为工业设计提供了必要的理论依据，指明了发展方向，如现在出现的交互设计、通用设计、体验设计等都是从"以人为本"的角度满足人的需求。一个优良的产品设计应该具有安全性、高效率、实用性、耐用性、服务性、合理的价格和优美的外观等基本特征，这些基本特征几乎每项都和人机相关，人的因素影响到和产品相关的各个环节层面。具体来说，人因工程学为工业设计提供"人体尺度参数"。为人造物的功能合理性提供科学的依据，为"环境因素"提供设计准则，为"人-机-环境"系统设计提供理论依据。反过来说，工业设计同样推动了人因工程学的发展，工业设计师在设计实践过程中需要用到人的因素的不同理论和数据，也促使人因工程学者进一步深入研究。

总之，人因工程学与工业设计是互相支持、互相促进的，对工业设计师来说，学习和应用这类学科应注意掌握的特点是学科思想、基本理论和方法等，学科的精髓必须学习把握住。至于相关学科，以及人因工程学浩瀚烦琐的数据资料、图表，则要求能结合具体研究的课题，学会查找、收集、分析和运用。本学科的知识形态是面状（网状、散点状）结构的，分布很广，相互之间不一定有密切联系。用到什么，就应该能去钻研什么，学习方法和要求有别于理工科课程知识结构。

1.2.2 工业设计中人因工程的价值

(1) 人因工程学为工业设计提供理论依据

一切产品都是人使用和操纵的，在人机系统中如何充分发挥其能力，保护其功能，并进一步发挥其潜在的作用，是人-机-环境系统研究中最重要的环节。为此，必须应用人体测量学、生物力学、生理学、心理学等学科的研究方法，对人体的结构和机能特征进行研究，提供人体各部分的尺寸、重量、体表面积、密度、重心以及人体在活动时的相互关系和人体结构特征参数；提供人体各部分的出力范围、出力方向、活动范围、动作速度与频率、重心变化以及动作习惯等人体机能参数；分析人的视觉、听觉、触觉、嗅觉以及肤觉等感受器官的机能特征；分析人在各种工作和劳动中的生理变化、能量消耗、疲劳机制以及人对各种工作和劳动负荷的适应能力和承受能力；探讨人在工作或劳动中的心理变化以及其对工作效率的影响。

工业设计的目的是创造符合人类社会健康发展所需要的产品和设施，而人因工程学则研究人、机、环境三者之间的关系，为解决这一系统中人的效能、健康、安全和舒适问题提供理论和方法。人因工程学为工业设计提供了有关人和人机关系方面的理论数据和设计依据，设计师通过对人因工程学的研究，可以知道产品操纵装置的布局和人体的关系、产品的形状与功能的关系、产品的外观设计与操作者安全之间的关系等。

此外，工业设计要考虑的问题比人因工程学方法所包含的内容要更全面一些。人因工程学要求产品设计要满足人的生理和心理要求，使人能够舒适、有效地使用产品，但是随着时代的发展，非物质文化也影响着人们的行为，身份、地位、权威、流行要素等众多因素都能对人们的购买行为产生影响。人们更愿意使用豪华手表来体现自己的身份地位，所以在确定一件产品的尺寸和形状时，除了参考人因工程学的测量数据，还要考虑产品的使用场所，用户的审美情趣、经济条件、受教育程度、年龄、性别以及个人喜好等其他因素。例如同样是桌子，要考虑是在家里使用还是在办公室使用，是成人使用还是儿童使用，是工作桌还是餐桌；基于以上的思考，桌子的尺寸和形状都会产生变化。

作为工业设计师，应灵活运用人因工程学研究所得出的大量图表、数据和调查结果，虽然这些材料是颇具价值的参考资料，但它只能作为工业设计的基本依据而非最终定论，不能作为一劳永逸、放之四海皆准的永不变化的真理。无论多么详尽的数据库也不能代替设计师深入细致的调查分析和亲身体验所获得的感受。工业设计师要针对设计定位，对各种复杂的制约因素权衡利弊，善于取舍，进行正确有效的人机分析。

（2）为工业设计中的环境因素提供设计准则

众所周知，任何人都不可能离开环境生存和工作，任何机器也不可能脱离一定的环境运转。环境影响人的生活、健康、安全，特别是影响其工作能力的发挥，影响机器正常运行。

人因工程学通过研究人体对外界环境中各种物理的（如声、光、热等）、化学的（如有毒有害物质）、生理的（如疾病、药物、营养等）、心理的（如动机、恐惧、心理负荷等）、生物的（如病毒和微生物等）以及社会的（如经济、文化、制度、习俗、政治等）因素对人体的生理、心理以及工作效率的影响程度，从而确定人在生产、工作和生活中所处的各种环境的舒适程度和安全限度。从保证人体的高效、安全、健康和舒适出发，为工业设计中的。环境因素提供分析评价方法和设计准则。

（3）为产品设计提供科学依据

工业设计就是为满足人类不断增长的物质和精神需要，为人类创造一个更为合理、舒适的生活方式。任何一种生活方式，都是以一定的物质为基础，体现人的精神需求。因此，在设计中，除了要充分考虑人的因素外，功能合理、运作高效也是设计师要加以解决的主要问题。最优化地解决物与人相关的各种功能匹配，创造出与人的生理、心理机能相协调的产品，也是当今工业设计在功能探究上的新课题。例如，在考虑人机界面的功能问题时，如显示器、控制器、工作台和工作座椅等部件的形状、大小、色彩、语义以及布局方面的设计基准，都是以人因工程学提供的参数和要求为设计依据的。

（4）树立"以人为本"的设计思想

工业设计的对象是产品，但设计的最终目的并不是产品，而是满足人的需要，即设计是为人进行的。在工业设计活动中，人既是设计的主体，又是设计的服务对象，一切设计的活动和成果，归根结底都是以人为目的。工业设计运用科学技术创造人的生活和工作所需要的物与环境，设计的目的就是人与环境、人与人、人与社会相互协调，其核心是设计中的人。从人因工程学和工业设计学两个学科的共同目标来评价，判断两者最佳平衡点的标准就是在设计中坚持"以人为本"的思想。"以人为本"的设计思想具体体现在工业设计中的各个阶段都应以人为主线，将人因工程学的各项原理和研究成果贯穿于设计的全过程。

1.2.3 人因工程在工业设计中的应用

自从有人类生存就有了设计，比如劳动工具的设计和制作。但是工业设计是工业化生产之后才开始的，世界工业设计史一般来讲是从1840年英国工业革命完成后开始。工业革命后出现了机器生产、劳动分工和商业的发展，同时也促成了社会和文化的重大变化，这些对于此后的工业设计有着深刻影响。

下面以家具设计为例，说明人因工程学在设计领域的应用。家具产品本身为人使用，且与人体接触密切，所以，家具设计中的尺度、造型、色彩及其布置方式都必须符合人体生理、心理尺度及人体各部分的活动规律，以便达到安全实用、方便舒适和美观的目的。无论是人体家具还是贮存家具都要满足使用要求。其中属于人体家具的椅类家具，要让人坐着舒适，书写方便；床，要让人睡得舒适，安全可靠。属于贮存家具的柜、橱、架等，要有适合储存各种衣物的空间，并且便于人们存取。为满足上述要求，设计家具时必须以人因工程学作为指导，使家具符合人体的基本尺寸和从事各种相关活动需要的尺寸。

为家具设计提供依据主要体现在可获得相应的家具尺寸和家具造型设计两个方面。

一方面，利用人体测量学可以获得相应的家具尺寸。以座椅为例，座椅的高度应参照人体小腿加足高，座椅的宽度要满足人体臀部的宽度，使人能够自如地调整坐姿。一般以女性臀宽尺寸第95百分位数（382mm）并加上穿衣修正量为设计依据。座椅的深度应能保证臀部得到全部支撑，人体坐深尺寸是确定座位深度的关键尺寸。不遵照人体尺度进行设计往往会出现桌子太高、椅子太矮的现象，使人使用起来不舒适、不健康。因此，化妆台需要多高，床需要多宽等，这些数据都不可以随意确定，需要通过数据科学地分析出来。例如，尽管在理论上，床面的面积只要能大于人体本身的投影面积就能为人提供可靠的支撑功能，但事实上，人在睡眠状态下大脑依然处于活动的状态，人体相对床面的受力部位经常会发生变化，也就造成了在睡眠中频繁翻身的状况。床面的宽度过小，那么对于负责空间定位功能的人的小脑来讲，就会在睡眠中时刻处于紧张的状态，进而会影响睡眠质量。

小原二郎教授为研究人在睡眠时姿势的变换，采取定时间隔摄影的方法。研究发现，如果将人置于一个宽度足够大的床面上，人在即将进入睡眠状态的时候所需的床面仅仅是人体自身的最大宽度，即大约是人体最大肩宽约500mm。随着睡眠不断深入，人开始不断地翻身，这时翻身所需要的床面宽度为身体最大宽度的2.5～3.0倍。

在研究床面宽度与睡眠深度的关系时，他采用脑电波观察发现一个临界值——床面宽度的临界值为700mm。当床面宽度小于这个数值时，翻身的次数和深度睡眠的程度都会明显减少；当床面的宽度进一步减少至500mm时，人的翻身次数再次减少了30%，而深度睡眠的程度也随之明显减少。因此，要保证人的正常睡眠状态，单人床的最小宽度应该在人的最大宽度的2.5倍。

另一方面，通过学习人体结构，并以人体结构为依据，进而获得设计家具的造型特征。人因工程学可以提供一些普遍性的数据，但它并非仅局限于此。通过它，人们可以设计越来越舒服的沙发和床垫。日常生活中，人们进行工作与学习大都坐在座椅上完成这一切，座椅主要起着支撑身体、节省体力的作用。通过学习人体结构，以人体结构为依据，可获得合理的座椅造型设计。按人因工程学理论，人体受力最不平衡的部位为腰椎，它要支撑整个上躯并要进行大幅度运动，所以最容易疲劳。因此，在设计座椅时，应该充分考虑腰椎的受力状况，椅背设计成流线型，便符合人体结构特征，会使腰椎减轻受力。在床垫的设计中，如果人直接睡在坚硬的木板上，会因为人体与床面接触点的面积过小而引起身体所受压力过高，该部位的关节和肌肉便会因受到过大的应力而使得血液循环受到影响，引起不舒服的感觉。如果床面硬度过小，也影响人体在睡眠之后翻身、调整睡姿动作的实施，与人体生理学要求不符合，因此床垫过于柔软也同样不适合睡眠。

以上仅为器具方面设计的举例，由于工业设计与人因工程相关领域的研究极其广泛，各个行业在设计的不同阶段对于人因方面的侧重各有不同。工业设计的范畴包括人类社会中创造的与生产生活相关的一切"物"，在设计和制造时都必须把"人的因素"考虑在其中。目前，在工业设计领域，研究和应用人因工程学的原理和方法成为面临的新课题。同时，随着社会进步、技术发展，人们的目光逐渐集中于方便、舒适、可靠、安全、效率等方面。人因工程学的发展也必然会推动工业设计达到新的高度。

第2章

人体尺寸参数
与工业设计

　　近些年来，我们在生活、学习以及工作上所使用的产品日益人性化，人因工程学与产品的设计自然有着无法分割的联系。人因工程学在设计任何产品过程中的应用都不仅仅是一个阶段，而是一个持续性的过程，人因工程学追求的是人-机-环境的和谐与一致，而设计的最终目的也是为了让用户更好地使用产品从而更健康、更愉快、更高效地工作和生活。

　　由于任何人类工学设计背后的理念都是将任务或设备与人类的局限性相匹配，设计的一个关键方面就是人体测量数据。在某些情况下，使用者在形状、身高、大小、体力和年龄上都会有所不同，因此人因工程学产品在设计过程中应该要结合基本的人体尺寸测量数据，并对使用者的许多变量进行调整，最终得到最合适的设计数据。

2.1
人体尺寸的获取

2.1.1　人体尺寸测量方法与设备

人体测量数据主要分为静态尺寸和动态尺寸数据。如何有效地测量这些数据是我们产品是否能够呈现最佳效果的关键。所以在获取人体尺寸时需要使用合理有效的测量方法以及精准的设备仪器来完成。

人体测量方法主要有普通测量法、摄像法、三维数字化人体测量法。

(1)普通测量法

普通测量法（图2-1、图2-2）采用一般的人体生理测量的仪器来进行测量，其数据处理采用人工处理或人工输入计算机处理相结合的方式。这种测量方式费时费力，数据处理容易出错，精确度低，且数据应用不灵活，但量具或仪器成本低廉，具有一定的适用性。

图2-1　普通测量法——软尺

图2-2 普通测量法——直脚规

常用的测量仪器有人体测高仪、软尺、测齿规、立方定颅器、人体测量用直脚规等20多种，最常用到的主要仪器有人体测高仪、人体测量用弯脚规、人体测量用直脚规等。人体测高仪主要用来测量身高、坐高和立姿坐姿时的眼高以及伸手向上所及的高度等立姿坐姿状态下的人体各部位高度尺寸；人体测量用弯脚规用于测量不能直接用直脚规处理的两点间距离，如肩宽、胸厚等部位的测量；人体测量用直脚规用于测量两点间的直线距离，特别适宜测量距离较短的不规则部位的宽度或者直径，如耳、脸、手、足等。

（2）摄像法

摄像法（图2-3）以影像为基础，用照相机或者摄像机做投影测量。摄像法主要是以"面"的方式来获取数据，工作效率高于普通测绘手段"点"的获取模式。

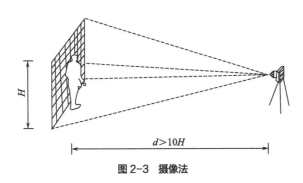

图2-3 摄像法

（3）三维数字化人体测量法

三维数字化人体测量分为手动接触式、手动非接触式、自动接触式、自动非接触式等。接触式三维数字化扫描仪扫描系统用探针感觉被测物体表面并记录接触点的位置；非接触式三维数字化扫描仪扫描系统是用各种光学技术检测被测物体表面点的位置，获取三维信息并输入，具有高效率、高精度、高寿命、高解析度等优点。3D 人体扫描仪（图 2-4）是一种常见的三维数字化人体测量设备，用于创建人类形体的精确尺寸。在人体测量的研究中，身体扫描是一个有价值的方法，它提供了有关 12 个测量维度的数据。三维人体扫描所提供的独特的多维数据是人体形态的三维数字表征。因此，身体扫描适用于分析身体形态，以便进行分类。

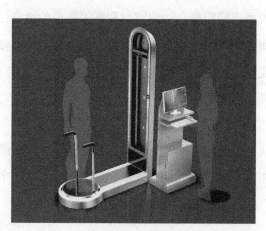

图 2-4　3D 人体扫描仪

2.1.2　人体参数的处理及运用方法

根据人因工程学的要求，在设计产品时需要获取准确的参数，同时根据设计的需求进行调整处理。在 GB/T 10000—88 中提供了我国成年人人体尺寸的一些基础数据,它一直被广泛应用在机械产品设计、医疗设备设计、建筑产品设计、军事等各方面。主要包括以下内容。

(1) 人体主要尺寸

在 GB 10000—88 中的我国成年人人体主要尺寸包括身高、上臂长、下臂长、大腿长、小腿长和体重六项。在设计产品时,这几项人体参数是经常会用到的。如图 2-5 和表 2-1 所示。表格测量项目与尺寸图对应。

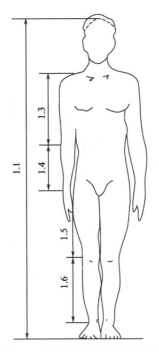

图 2-5 我国成年人人体主要尺寸图

表 2-1 我国成年人人体主要尺寸表

测量项目 \ 年龄分组 百分位数	男（18~60岁）							女（18~55岁）						
	1	5	10	50	90	95	99	1	5	10	50	90	95	99
1.1 身高/mm	1543	1583	1604	1678	1754	1775	1814	1449	1484	1530	1570	1640	1659	1697
1.2 体重/kg	44	48	50	59	70	75	83	39	42	44	52	63	66	71
1.3 上臂长/mm	279	289	294	313	333	338	349	252	262	267	284	303	302	319
1.4 下臂长/mm	206	216	220	237	253	258	268	185	193	198	213	229	234	242
1.5 大腿长/mm	413	428	436	465	496	505	523	387	402	410	438	467	476	494
1.6 小腿长/mm	324	338	344	369	396	403	419	300	313	319	344	370	375	390

（2）立姿人体尺寸

在 GB 10000—88 中提供了 6 项我国成年人立姿人体尺寸：眼高、肩高、肘高、手功能高、会阴高、胫骨点高。我国成年人立姿人体尺寸如图 2-6 和表 2-2 所示。

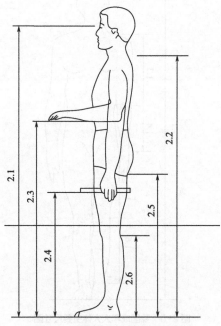

图 2-6 我国成年人立姿人体尺寸图

表 2-2　我国成年人立姿人体尺寸表

年龄分组 百分位数 测量项目	男（18~60岁）							女（18~55岁）						
	1	5	10	50	90	95	99	1	5	10	50	90	95	99
2.1 眼高 /mm	1436	1474	1495	1568	1643	1664	1705	1337	1371	1388	1454	1522	1541	1579
2.2 肩高 /mm	1244	1281	1299	1367	1435	1455	1496	1166	1195	1211	1271	1333	1350	1385
2.3 肘高 /mm	925	954	968	1024	1079	1096	1128	873	899	913	960	1009	1023	1050
2.4 手功能高 /mm	656	680	693	741	787	801	828	630	650	662	704	746	757	778
2.5 会阴高 /mm	701	728	741	790	840	856	887	648	673	686	732	779	792	819
2.6 胫骨点高 /mm	394	409	417	444	472	481	498	363	377	384	410	437	444	459

当人体处于立姿时，他的活动空间不仅取决于身体的尺寸，还跟身体保持平衡时的微小动作和肌肉松弛有关。当脚的站立平面不变时，为了保持人体平衡，必须限制上身和手臂能达到的活动空间。在设计产品时应该要考虑到人的活动空间这一点，如公交车的空间尺寸设计等。所以立姿上身及手可及范围的数据也是非常重要的。在这种条件下，立姿上身及手的可及范围如图 2-7 所示。

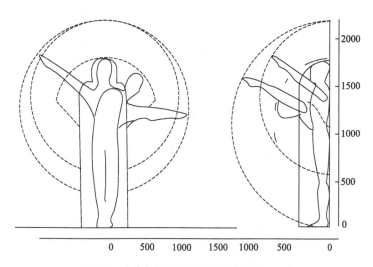

图 2-7　立姿上身及手的可及范围（单位：mm）

（3）坐姿人体尺寸

在 GB/T 10000—88 中一共提供了 1 1 项我国成年人坐姿人体尺寸，包括坐高、坐姿颈椎点高、坐姿眼高、坐姿肩高、坐姿肘高、坐姿大腿厚、坐姿膝高、小腿加足高、坐深、臀膝距和坐姿下肢长。我国成年人坐姿人体尺寸如图 2-8 和表 2-3 所示。

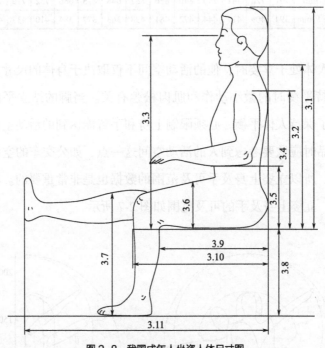

图 2-8　我国成年人坐姿人体尺寸图

表 2-3　我国成年人坐姿人体尺寸表

测量项目 百分位数 年龄分组	男（18~60 岁）							女（18~55 岁）						
	1	5	10	50	90	95	99	1	5	10	50	90	95	99
3.1 坐高 /mm	836	858	870	908	947	958	979	789	809	819	855	891	901	920
3.2 坐姿颈椎点高 /mm	599	615	624	657	691	701	719	563	579	587	617	648	657	675
3.3 坐姿眼高 /mm	729	749	761	798	836	847	868	678	695	704	739	773	783	803
3.4 坐姿肩高 /mm	539	557	566	598	631	641	659	504	518	526	556	585	594	609
3.5 坐姿肘高 /mm	214	228	235	263	291	298	312	201	215	223	251	277	284	299

续表

测量项目 百分位数 年龄分组	男（18~60岁）							女（18~55岁）						
	1	5	10	50	90	95	99	1	5	10	50	90	95	99
3.6 坐姿大腿厚 /mm	103	112	112	130	146	151	160	107	113	117	130	146	151	160
3.7 坐姿膝高 /mm	441	456	461	493	523	532	549	410	424	431	458	485	493	507
3.8 小腿加足高 /mm	372	383	389	413	439	448	463	331	342	350	382	399	405	417
3.9 坐深 /mm	407	421	429	457	486	494	510	388	401	408	433	461	469	485
3.10 臀膝距 /mm	499	515	524	554	585	595	613	481	495	502	529	561	570	587
3.11 坐姿下肢长 /mm	892	921	337	992	1046	1063	1096	826	851	862	912	960	975	1005

在坐姿情况下的数据考虑到坐姿的活动空间数据，所以需要用到动态人体尺寸数据，根据坐姿活动空间的条件，坐姿上身及手的可及范围如图 2-9 所示，仰卧姿势手及腿的活动空间如图 2-10 所示。

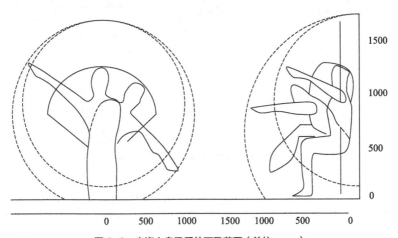

图 2-9 坐姿上身及手的可及范围（单位：mm）

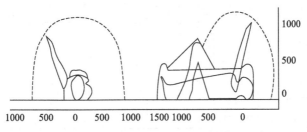

图 2-10 仰卧姿势手及腿的活动空间（单位：mm）

（4）人体水平尺寸

在 GB 10000—88 中提供了 10 项我国成年人人体水平尺寸，包括胸宽、胸厚、肩宽、最大肩宽、臀宽、坐姿臀宽、坐姿两肘间宽、胸围、腰围和臀围。我国成年人人体水平尺寸如图 2-11 和表 2-4 所示。

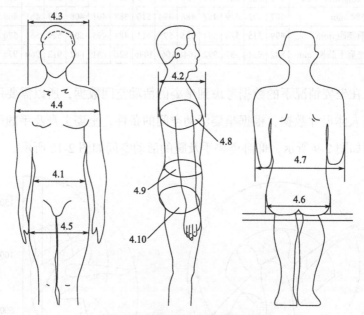

图 2-11　我国成年人人体水平尺寸图

表 2-4　我国成年人人体水平尺寸表

年龄分组 百分位数 测量项目	男（18~60岁）							女（18~55岁）						
	1	5	10	50	90	95	99	1	5	10	50	90	95	99
4.1 胸宽 /mm	242	253	259	280	307	315	331	219	233	239	260	289	299	319
4.2 胸厚 /mm	176	186	191	212	237	245	261	159	170	176	199	230	239	260
4.3 肩宽 /mm	330	344	351	375	397	403	415	304	320	328	351	371	377	387
4.4 最大肩宽 /mm	383	398	405	431	460	469	486	347	363	371	397	428	438	458
4.5 臀宽 /mm	273	282	288	306	327	334	346	275	290	296	317	340	346	360
4.6 坐姿臀宽 /mm	284	295	300	321	347	355	369	295	310	318	344	374	382	400
4.7 坐姿两肘间宽 /mm	353	371	381	422	473	489	518	326	348	360	404	460	378	509

续表

年龄分组 百分位数 测量项目	男（18~60岁）							女（18~55岁）						
	1	5	10	50	90	95	99	1	5	10	50	90	95	99
4.8 胸围 /mm	762	791	806	867	944	970	1018	717	746	760	825	919	949	1005
4.9 腰围 /mm	620	650	665	735	859	895	960	622	659	680	772	904	950	1025
4.10 臀围 /mm	780	805	820	875	948	970	1009	795	824	840	900	975	1000	1044

当我们在运用这些数据时应考虑到人体的解剖特征除性别差异外基本相同，但人体尺寸却有着个体差异。对于一般工业设计来说，人机系统的人不是某一个人，而是某一特定人群，有意义的是相关人群的群体特征即统计学特征，人体尺寸的测量值是离散的随机变量，因而可采取抽样测量的方法对这些数据进行处理。主要处理方法如下。

① 平均值。表示所有数据的算术平均值，用平均值来确定最基本的尺寸，代表一个群体最集中的特征。

② 方差。测量数据在平均值周围波动程度的差异，方差的数值越小代表离散程度越小，方差的数值越大代表离散程度越大。

③ 标准差。表明一系列变化数距平均值的分布状况或者离散程度，用标准差作为尺寸的调整量。标准差越大，表示数据的变数分布得越宽，离平均值较远，反之则表示变数越接近平均值。

④ 抽样误差。在实际计算和设计中往往用抽取的样本来推测总体，但抽样数据会和总体不完全相同，这就存在一种误差。抽样的误差越大，越与实际数据偏离，反之就代表抽样数据越准确，越可靠。

⑤ 百分位数。一种表示离散程度的统计量，即是百分位对应的数值。百分位表示某一人体尺寸和小于该尺寸的人占统计总人数的百分比。常用的百分位有 1%、5%、50%、95% 和 99%，对应尺寸记为

P1、P5、P50、P95 和 P99。例如,身高的第五百分位 P5,表示有 5% 的人小于此测量值,95% 的人大于此测量值。对于近似符合正态分布的人体尺寸,可用均值、方差、标准差等特征参数确定其分布规律。根据均值和标准差可计算某一百分位的尺寸数值,反之,也可计算某一尺寸数值所对应的百分位。

在设计过程中,设计师需要考虑用户人群的适用范围,所以要考虑到人体尺寸数据运用的原则,在范围选择上百分位数就起到了至关重要的作用。设计师不会针对所有的人机尺寸去进行设计,而会通过百分位数对数据进行分段,不同的功能尺寸选择不同的百分位数,通常用最小百分位数和最大百分位数对用户尺寸进行范围限定,缩小尺寸范围却满足大多数人的尺寸需求。

⑥ 修正量。在设计过程中,使用数据时,不仅要考虑身体尺寸数据、活动空间数据等,还需要考虑产品在使用过程中存在的不确定量,以及心理因素等,所以需要在原数据的基础上有所改动,即需要修正量。人体尺寸修正量分为功能修正量和心理修正量。

功能修正量包括常用的三个方面——穿鞋修正量、姿势修正量和穿衣修正量。根据修正量的类型不同,它们的尺寸范围也不同,有可能存在正值也可能存在负值,正负值的确定都要具体情况具体分析。举个例子,在座椅设计和汽车驾驶空间设计中就运用到穿衣修正量,在冬季,用户为了抵御寒冷会穿上厚厚的羽绒服,前后就会增加50mm 左右的尺寸,而其他季节衣服的厚度和冬季则相差很多,所以座椅的空间就会有所不同,在此时修正量就为正值。

心理修正量在设计过程中也不可忽略。心理修正量是为了消除空间压抑感、恐惧感,为了美观等心理因素而加的修正量。同一种产品，功能相同，但由于不同的使用者会产生不同的心理需求，因此可以随之设计出千变万化的造型形象。

产品的最小功能尺寸：人体尺寸百分位数 + 功能修正量。

产品的最大功能尺寸：人体尺寸百分位数 + 功能修正量 + 心理修正量。

2.1.3　儿童车在实际设计时的人体参数应用

（1）儿童车的分类

常用的人体尺寸在设计考量中可以给设计师很大的指导作用。在实际设计过程中也会经常参考这些数据，我们以儿童车的设计为例。简单来说，儿童车有坐式、平躺式、坐躺两用式，每一种都对应不同的车内空间尺寸。但在设计过程中需要考虑到更多的问题，所以根据不同的用户人群和使用方式分别进行分析得到如下结果。

儿童车从设计深度上来看可以分为三种：豪华型、轻便型、专业型。

豪华型：适合一般居家、外出长时间使用，有全躺式和半躺式两种。如图 2-12。

轻便型：又称伞车，适合经常近距离外出活动的家庭使用，可折叠使用。如图 2-13。

专业型：一般专门应用在户外，轮胎较大，在轮胎的设计上采用可充气胎，可推动婴儿跑步之用，在安全性上要求更高。如图 2-14。

图 2-12　豪华型　　　　　　　　　　图 2-13　轻便型

图 2-14　专业型

（2）从用户人群角度来分析尺寸

在儿童车设计中，首先考虑到儿童车的用户，由于儿童是一个特殊的群体，在儿童车的使用过程中需要成人配合，所以儿童车的用户对象确定为成人和儿童两大人群。

从儿童用户来看，需要分析儿童的人体尺寸特征，来设计儿童车内空间的尺寸定位。设计过程中需要用诸多的儿童人体尺寸数据，从整体的角度出发需要考虑儿童的全身人体尺寸、头部尺寸、手足部尺寸等，利用这些尺寸对儿童的静态功能尺寸和动态功能尺寸分别进行分析，将二者结合共同确定儿童车内儿童的活动空间尺寸。尽可能地通过可调节的部件设计来满足不同阶段儿童的不同要求。

　　从成年用户来看，主要是要参考成年人立姿人体尺寸数据，除了这些数据之外，考虑到用户在使用过程中利用上肢推动、抬起等动作，因此，成年人的上肢功能尺寸对于儿童出行设备中车体框架结构的尺寸限定有着重要的指导作用。上肢功能尺寸主要包括立姿双手上举高、立姿双手功能上举高、立姿双手左右平展宽、立姿双手左右功能平展宽、立姿双肘平展高等数据。除此之外，成年人在使用儿童车的时候视线需要照顾到车内儿童的情况，以保证儿童和家长的互动以及确保儿童的安全，所以会涉及眼高、肘高等数据。可以从表 2-5 中获取所需要的参考数据。

表 2-5　我国成年人男女上肢功能尺寸

年龄分组 百分位数 测量项目	男（18~60岁）			女（18~55岁）		
	5	50	95	5	50	90
立姿双手上举高 /mm	1971	2108	2246	1846	1968	2089
立姿双手功能上举高 /mm	1869	2005	2158	1741	1860	1976
立姿双手左右平展宽 /mm	1679	1691	1802	1461	1669	1669
立姿双手左右功能平展宽 /mm	1574	1485	1595	1248	1544	1458
立姿双肘平展高 /mm	816	876	956	766	811	869
坐姿前臂手前伸长 /mm	416	447	478	585	415	442
坐姿前臂手功能前伸长 /mm	510	545	576	227	506	555
坐姿上肢前伸长 /mm	777	854	892	721	764	818
坐姿上肢功能前伸长 /mm	675	750	789	607	667	707
坐姿双手上举高 /mm	1249	1559	1426	1175	1261	1528
跪姿体长 /mm	1190	1260	1550	1157	1196	1268
仰卧体长 /mm	2000	2127	2267	1867	1982	2102
仰卧体高 /mm	564	572	585	569	569	584
爬姿体长 /mm	1247	1516	1584	1185	1259	1296
爬姿体高 /mm	761	798	856	694	758	785

（3）尺寸的确定

身高、肩宽、坐姿眼高、挺直坐高、放松坐高、人体最大厚度、人体最大宽度、大腿长、小腿长、上臂长、下臂长、两肘之间宽度、臀部至膝盖长度、臀部至足尖长度、臀部至足跟长度这些常用数据在儿童出行设备的设计中都有着至关重要的作用。对重要的数据信息进行采集、分析、提炼、应用，以达到满足儿童所需要的舒适性、安全性、教育性等目的是设计师在设计过程中需要做的。

但儿童通常受好奇心的驱使，在发育的阶段很难维持静态状态，即使在安静的睡眠中也会不时地活动。所以对于这个阶段来说，静态尺寸数据也只是一些理论数据。因此，静态尺寸在儿童产品设计中只是起到一个最小百分位数的作用，在设计中需要加入大量的"活动"修正量去满足儿童的生理需求。

为了针对儿童身体基本情况进行调研，我们进入到幼儿园对儿童进行数据采样收集分析，结果如表 2-6，通过采样方法获得了 12 位儿童的体重、身高、躯干长、腿长、手臂长等数据。

表 2-6　儿童人体尺寸调查表

姓名	体重 /kg	身高 /cm	躯干长 /cm	腿长 /cm	手臂长 /cm
李 × ×	17	115	45	50	114.5
张 × ×	18	115	46	49	115
李 × ×	20	113	46	47.5	111.5
吴 × ×	21	114	44.5	49	115
李 ×	19.5	113	44.5	49.5	113
苏 × ×	18	112	44	47.5	113
刘 × ×	22	122	47	52.5	122
胡 × ×	22	122	48	53.5	124
路 × ×	23.5	123	48.5	53.5	124
冷 × ×	23	122	49.5	52	121
周 × ×	21	111	45	47.5	115
徐 × ×	22	124	49	52	120

由于儿童好动的天性，和成人不一样，所以确定设计尺寸时需要儿童的动态尺寸去辅助设计。

动态尺寸的数据主要是指在儿童静态尺寸的基础上根据儿童的活动特点，通过肢体活动范围和肢体活动角度对数据进行调整和限定，从而共同确定儿童的动态尺寸。

从生理上来看，儿童的身体各个地方都相对较柔软，儿童在韧带发育方面远远超过成年人的范围，所以在日常生活中常常能完成一些"高难度"动作。通过实际调研发现，儿童在韧带的发育上由于极少受到损伤和使用损耗，因此，儿童的肢体活动范围比正常成年人的活动范围要大。

从心理层面来看，儿童对于世界上很多事物都很好奇，看到没见过的东西往往会被吸引过去，想要去一探究竟，去听，去触摸，在儿童车内时，除了睡觉，他们会不停地探索外面的世界。

除此之外，尺寸的确定还要考虑到心理因素。不管是婴儿车还是儿童车，孩子作为使用用户，他既是一个个体又是一个非独立的个体，他在使用产品的过程中与其说是使用者，不如说是一个享受者，真正的使用者是父母，因此在儿童用品中，人因工程学的研究既要考虑孩子的生理和心理，还要考虑成年用户的生理、心理需求，就需要考量在设计过程中需要增加的生理需求和心理需求的修正量，以保证用户在使用过程中获得的安全感、舒适感。

例如手推车的高度问题，在数据设定时，首先要考虑到儿童的大腿长，这个部分的数据就应该根据基本数据里面的最大尺寸数据作为设计参考，保证了大身材的儿童能感觉到舒适，小身材的孩子自然也满足了需求，这样就保证了整体坐高的合理性。在分析过程中，同样还要加上大腿厚度以及四季中衣服的修正量,这是最基本的分析,在修正量的考量中还要考虑到用户心理修正量这一点,用户既是家长又是儿童,在心理修正量这个部分就需要充分了解家长和孩子的心理诉求。例如家长希望在和儿童出游时孩子能更好地观察这个世界,对色彩和大自然进行感知,所以需要给孩子一个良好的视野,同时手推车的高度又要在家长使用时处于舒适的范围。因此根据生理和心理修正量以及儿童自身的人体数据共同确定儿童出行设备中的坐高与活动空间大小。

尺寸的确定需要合理结合百分位数,可以使得设计更加贴合用户的实际需求。在动态尺寸确定的过程中需要人体尺寸基本数据,如在婴儿车的座面宽、座高、围栏高度等部分需要选择合理的百分位以满足大身材、中身材、小身材的儿童使用,并且要保证其舒适性。还有生理、心理修正量的合理性分析,将二者结合共同完成设计中的功能尺寸设定。

2.2
人体尺寸参数在设计中的应用

2.2.1　人体尺寸的应用原则

在具体的尺寸设计中,需要考虑设计目的和用户人群,所以灵活地选择人体尺寸的百分位是十分重要的。人体尺寸的百分位是按照一定的原则选取的,依据 GB/T 12985—91 选择产品类型,这些原则有以下三个。

①Ⅰ型产品设计尺寸设计（双限值设计）。使某些结构尺寸可调以适应特定人群的每一个人，在可能的情况下这是最好的选择。如汽车的驾驶座，在设计过程中就应该考虑到使用者的体型差异，在椅背和椅高的设计上就可以运用可调原则，使其均可根据使用者的需求分别进行调节。选取某身材高大者的大百分位数的人体尺寸和某身材小者的小百分位数的人体尺寸作为座椅尺寸的两个范围限值设计依据。从而保证了这一特定人群在驾驶过程中都能获得良好的视野、方便地操控方向盘和踩踏加速踏板等。

②Ⅱ型产品设计尺寸设计（单限值设计）。使用较高（如 95%）或较低（如 5%）百分位的人体尺寸数据，这是最常用的原则。选取这种百分位的尺寸时需要注意在合适的地方选取较高或者较低的数据，因此又分为ⅡA 型产品尺寸设计和ⅡB 型产品尺寸设计。

ⅡA 型产品尺寸设计时，对于涉及人的健康、安全的产品，应选用 P99 或 P95 作为尺寸上限值的依据，这时满足度为 99% 或 95%；对于一般工业产品，选用 P90 作为尺寸上限值的依据，这时满足度为 90%。如会议厅的座位的宽度、阳台护栏的高度、屏风遮挡视线的高度等，只要满足身材高大使用者的要求，身材小的使用者自然也满足。

ⅡB 型产品尺寸设计时，对于涉及人的健康、安全的产品，应选用 P1 或 P5 作为尺寸下限值的依据，这时满足度为 99% 或 95%；对于一般工业产品，选用 P10 作为尺寸下限值的依据，这时满足度为 90%。如公交车上的扶手，满足了身材小的使用者能握到，身材高大的使用者也能满足需求。

③ Ⅲ型产品设计尺寸设计（平均尺寸设计）。当设计的产品与使用者的身材关系不太大时，取50百分位的人体尺寸数据作为设计依据，如门把手的高度设计、文具的尺寸大小，这样会使两个极端的人不方便，但特定人群的大多数处于较合适的状态。

本质上说，设计的原则就是为一个群体设计时，在经济、技术允许的情况下要让设计适合尽可能多的人。具体的方法有三种：同一产品，设计不同的尺寸，形成系列；设计可调机构，与人体尺寸相关的功能尺寸可按照不同的个体尺寸调整，如高铁的靠背的设计；采用极限原则或取中原则，选择一个合适的尺寸以适合尽可能多的人。为个人设计时，按照个人的身体尺寸设计即可。

2.2.2　人体测量参数的应用流程

在设计产品的过程中，我们面向的受众不是个人，而是一个群体，所以在设计过程中根据设计的项目和人群需要考虑很多问题，人体测量参数在这个过程中不是简单地套用。为了使设计的产品满足使用者的需求和符合设计师的初衷，在实际的设计中一般通过下面的步骤确定与人体尺度相关的设计尺寸。

① 确定设计项目和相关人群。指出需确定的相关人体尺寸的结构尺寸，如开关的高度、扶手的高度、座椅的宽度和高度等。确定使用者为特定个体或特定人群，如中国成年人（18～65岁）、成年女人（18～55岁）。

② 分析设计对象与人的关系。在设计过程中需要考虑到产品与人的关系，如了解人员衣着、使用工具、使用频率、设计项目对人的重要程度等。

③ 确定设计原则。依据 GB/T 12985—91 选择产品类型，结合设计的项目实际情况选择双限值设计、单限值设计、平均尺寸设计等设计原则。

④ 选取适当百分位人体尺寸数据。根据用户人群的人体尺寸数据选取数值，如缺乏此类数据，可参考群体特征中相似的其他人群的数值，并在此基础上加以修正。

⑤ 进行功能及心理修正。由于人体尺寸数值都是裸体或穿单薄衣服测量的，因此需进行着装修正，如坐姿眼高需根据季节不同加裤厚，站姿身高需加上鞋底厚，等等。同时，需考虑人的"空间压抑感""高度恐惧感"等心理感受，进行心理修正。如房间的高度就不是人的身高，需要依据人在这个空间的舒适高度来确定。

⑥ 校核。模板、实体或计算机模拟校核。由于人体尺寸的个体差异以及工作姿势的不断变化，在不同的情况下身体对空间的要求不一样，仅仅通过计算确定人与机的空间关系是有一定困难的，有必要采用人体两维模板或三维实体模型或计算机模型辅助校核。模板是用透明板材，按照标准规定的功能设计基本条件、功能尺寸、关节功能活动角度、设计图和使用条件制作的两维人体模型，主要用于在设计图面上分析与人体有关的尺寸关系。

⑦ 确定设计变量。校核后确定设计变量，以便如有问题需再进行修正、校核。

2.2.3　高铁座椅设计分析

人体尺寸往往比较复杂且相互有关，我们以高铁座椅设计为例，分析人体尺寸数据在实际案例当中的应用。高铁作为近几年来比较常用的交通工具，凭着车速快、平稳等优点深得大家的心，在乘坐高铁时，高铁座位是否舒服直接影响到消费者的乘车体验。所以在设计高铁座椅时需要考虑的问题自然就多了。

首先，高铁的用户人群较广，从小孩到老人，是一个庞大的群体，可以参照国家标准的人体尺寸数据，先确定设计的项目，主要的高铁座椅几何参数有座高、座面深、座面宽、座靠背、扶手、坐垫和靠垫设计等。

① 座高。座高通常是指座面垂直于地面的直线距离。座高的长度在座椅设计中是应该低于小腿的长度的，原因是不仅可以使两脚方便地前后移动，使脚掌承受一部分下肢的重量，还能减少下肢下垂给大腿带来的下拉力。

② 座面深。座面深一般是座面的前边缘与后边缘之间的距离。座面深数据的大小决定了臀部与坐垫之间的接触面积和压力分布，通常座面深要大于接触面的长度。

③ 座面宽。座面宽是座面左边缘与右边缘之间的距离。通常情况下座面宽数据要大于臀部横宽，乘客才能自在地选择就座的位置，确保使用时的舒适性。

④ 座靠背。座靠背主要有肩靠、腰靠和头枕。其中肩靠的高度设计在肩胛下角较为适宜，腰靠的横截面曲线应当符合人体脊柱曲线和腰弯度曲线，头枕的功能主要是支承头部向后仰，设计时应符合人体颈椎曲线，减缓颈部肌肉的拉伸受力。由于人身体的差异，通常情况下座靠背是可调节的，来满足乘客身高体重变化的需求。

⑤ 座面与靠背夹角。座面与靠背夹角的变化可以使乘客自由地获得舒适坐姿，但是其角度的大小调节应考虑到人体背部、臀部、大腿形成的生理曲线特征。

⑥ 扶手。适宜的扶手高度可为座椅加入可靠的支承，为乘客臀部侧滑提供反向阻力，但是扶手的高度有极限值，理论上它的总长最大不可大于座深的长度。

⑦ 坐垫和靠垫设计。在材料选取上，坐垫和靠垫的填充物应当软硬适中，太软会使乘客长时间乘坐感到疲惫，不易自由活动，太硬会影响臀部和背部肌肉的自然放松，增加人体与座椅接触面的压力，使压力集中，长时间乘坐会引起肌肉疼痛。除此之外，适宜的坐垫设计还应该考虑到高铁的振动运行状态，达到减振的效果。座椅蒙皮的材料要选用耐磨、耐脏、耐潮湿和透气性好的材质。

在靠背的设计上，要考虑到用户是长时间使用高铁座椅，所以舒适性需要得到满足，就需要优化座椅的靠背曲面。曲面优化必须基于人体测量学的人体数据资料，只有在此基础上的曲面优化才具备实际意义，也更符合人体特征，更为舒服。

坐垫曲面形态对座椅舒适度有直接的影响，在坐垫曲面形态设计上，参照 GB 10000—88《中国成年人人体尺寸》和 GB/T 12985—91《在产品设计中应用人体尺寸百分位数的通则》。对高铁座椅坐垫的人机尺寸，采用西南交通大学博士李娟面向大群体的小型、中型及大型身材群体的乘客进行的座椅尺寸重构之后得到的座椅坐垫尺寸参数推荐值（单位：mm）数据。依次为座高：430、400、430、460，座深：450、400、450、500，座宽：480、450、480、510。为了满足大众对于高铁座椅舒适度的需求，本书采用尺寸重构后面向大群体的座高、座深、座宽的数据值，分别为430、450、480。

高铁座椅对于乘客来说使用率很高，而且乘客的年龄、体型等都各有差异。因为每个人的身体尺寸不一样，为了方便统计分析使用，一般用数理特征参数来表示。在人因工程学中，我们提到用百分位来划分人体尺寸等级，一般包含三个百分位：5%的小身材、50%中等身材、95%的大身材。百分位数把人体尺寸的全部测量值一分为二，例如第五百分位数表示有5%的人群身体尺寸小于此值，有95%的人群身体尺寸大于此值。在设计座椅产品的时候，需要根据最终用途和目标用户的尺寸差异选用相对应的人体测量数据，并根据实际情况确定选取原则来选择适合的百分位。高铁座椅相关百分位选择如表2-7所示。

表2-7　高铁座椅相关百分位选择

相关设计要求			测量项目	百分位选择
座面	座高	使乘客大腿近似水平，小腿自然垂直	小腿加足高	低百分位（5%）
	座宽	臀部得到全部的支撑并且拥有适当的活动余地，使得人体便于变换姿势	臀宽	高百分位（95%）
	座深	腰部、臀部得到充分支撑，大腿肌肉不受到挤压，小腿可以自由活动	坐深	低百分位（5%）
靠背		高度和形状达到舒适性要求，最后设计可调节结构	靠背宽：人体肩宽 靠背高：坐高/颈椎点高	选择可调节区间
扶手		高度和扶手宽度采用最佳尺寸	扶手宽度	高百分位（95%）
			扶手高度	平均百分位（50%）

在客车的车厢中，保证自身的活动不受外界因素干扰是旅客很强烈的心理需求。这种行为体现出了乘客对于领域性的需要。在车厢的室内空间中，经常需权衡综合考量个体空间范围以及个体与其他人发生接触和交流时所需的空间范围。实际上场合不同和接触对象的不同

都会导致人与人接触距离上的差异。人际距离的概念是由赫尔首次提出，他是基于对动物行为的深入研究，以人的行为特点和人与人之间的亲密度来定义人际距离的分类，主要包含四种，分别是亲密距离、个人距离、社交距离和公众距离。综上可知，密闭的空间设置应权衡考虑个体空间需要与人际交流空间需要之间的关系。而"拥挤"是一种会产生负面情绪的人类主观感受，而且还会容易让人缺失对自身行为的控制力，当个人空间受到干扰和侵犯，将会引发焦虑和不安，因此可以通过设计的方式划分出个人领域的边界从而有效减少和避免个人空间受到侵犯。比如在座椅设计部件中的扶手能起着遮挡的作用，又或是可以将座椅错开一定角度避免乘客近距离面对面对视，都是一些可取的解决方式。

所以在确定尺寸的时候需要考虑到乘客的心理需求这一方面，修正量是必不可少的。由于乘坐高铁时间相对较长，从前面提到的乘客领域性的需要，就应该根据需求在座宽、座高、扶手宽度、前桌宽度和长度等尺寸数据上增加心理修正量，使乘客长时间在这个环境里不会感觉到拥挤和烦躁。同时还需要考虑功能修正量，高铁座椅是四季适用的，所以需要考虑到乘客在冬季时的衣服厚度对就座时带来的影响等，同样需要在座宽、座高、扶手宽度、前桌宽度和长度等尺寸数据上增加功能修正量。

第 3 章

设计与人的
信息加工

3.1
信息输入与设计

3.1.1 视觉显示设计

（1）视觉的特性

① 视觉概述。产生视觉刺激的要素是光，人眼能感受到的光（也就是可见光）只占整个光谱的一小部分，光谱上光波波长小于 380nm 的光线称为紫外线，大于 780nm 的光线称为红外线。视觉的产生依赖眼睛、视神经、视觉中枢和大脑，其中眼睛直接接受光线刺激。人眼是直径为 21～25mm 的球体，光线通过瞳孔射入眼睛，眼球内有 2/3 的面积覆盖着视网膜，具有感光作用。眼球外分布着 6 块肌肉，使眼球可以快速转动捕捉清晰的图像。眼球构造如图 3-1 所示。

图 3-1 眼球构造

② 视野与视距。视野指人的头部和眼球都固定不动的情况下，眼睛向正前方观察时能看到的空间范围，通常用角度表示。根据观察内容的不同，该范围也会变化。图 3-2 展示了人眼在垂直和水平方向上辨别文字、字母和颜色的视野范围。人眼最敏锐的视力是在标准视线每侧 1° 的范围内，单眼视野界限为标准视线每侧 94°～104°。视距是指人在操作过程中正常的观察距离。一般的视距范围在 38～76cm，视距太远或太近都会影响人操作的速度和准确性。

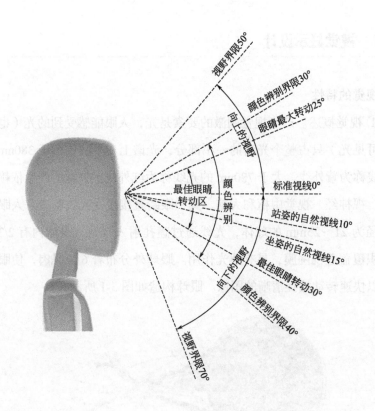

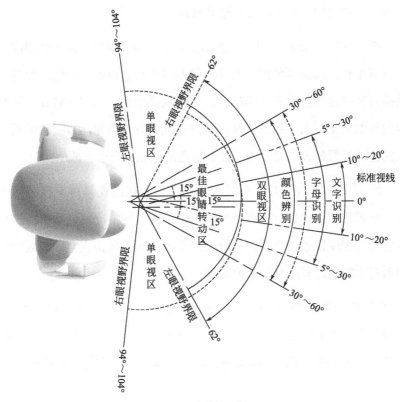

图 3-2 人的视野范围

③ 双眼视觉。单只眼睛只能看到二维图像，而双眼同时工作可以使我们感受到具有空间深度的三维图像，称为立体视觉。其原理是由于双眼从不同位置向同一点聚焦，同时获得同一视野下的不同图像，重叠的图像经过大脑处理后便产生立体的感觉。立体视觉的效果还与画面本身的光影效果以及生活经验有关。

④ 中央视觉和周围视觉。视网膜由视锥细胞和视杆细胞构成，其中心区域的视锥细胞感光能力强，可以获得清晰的图像，此处的视觉称为中央视觉。视网膜上边缘区域的视杆细胞感光能力差，不能获得清晰图像，此处的视觉称为周围视觉。由于视杆细胞所对应的视野

范围广，主要用于观察周边和移动物体。

⑤ 色觉与色视野。视网膜能感受到 180 多种颜色，其中红绿蓝为三种基本色，其余颜色都可由这三种基本色混合得到。辨色过程的本质是三种视锥细胞的光化学反应，三种视锥细胞受到相同刺激时便产生白色的色觉。人眼在不同颜色下的色觉视野也不相同，实验表明白色的色觉视野最大，黄、蓝、红、绿色的色觉视野依次减小。

⑥ 暗适应和明适应。环境由亮转暗时，眼睛要经过一段时间才能正常视物，这种适应过程称为暗适应，相反的情况称为明适应。当环境明暗程度快速变化时，眼睛会来不及适应并损伤视力，在进行与照明有关的设计时应避免这种现象。

⑦ 视错觉。视觉的最终产生依赖于大脑对眼睛所获图像的处理，这种处理过程有时会发生错误，产生与实际情况不符的视觉，称为视错觉。图 3-3 展示了人眼在大小、动态与颜色方面的视错觉现象。

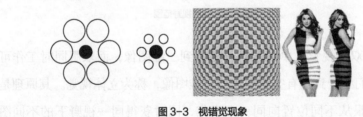

图 3-3　视错觉现象

（2）视觉显示装置设计规范

① 视觉显示装置概述。显示装置按所示信息的不同可分为视觉显示装置、听觉显示装置和触觉显示装置，其中视觉显示最为广泛。显示文字、图像等各种视觉信息的装置称为视觉显示装置，其设计要求为使观察者的认读快速准确，不易疲劳。影响要素主要包括操作者

与显示装置的观察距离；与操作者的相对位置，即显示装置的布置；显示方式及其匹配条件。

② 视觉显示装置的观察距离。显示装置的观察距离与人眼的视距有关，同时也受到工作精度要求的影响。表 3-1 列举了不同工作要求下的建议观察距离（视距）。

表 3-1　不同工作要求下的建议视距

工作要求	工作举例	视距 /cm	固定视野直径 /cm	备注
最精密工作	安装细小零件	12～25	20～40	完全坐着，部分依靠视觉辅助手段
精密工作	安装收音机、电视等	>25～35（多为 30～32）	>40～60	坐或站
中等粗活	机床等旁边的工作	>35～<50	>60～80	坐或站
粗活	粗磨、包装等	50～150	>80～250	多为站
远看	开车等	>150	>250	坐或站

③ 视觉显示装置的布置。按重要程度排列：越靠近人视野范围中央的事物越容易被注意到。通常，重要的显示装置可安排在视野中心 20° 范围内；一般的显示装置可安排在 20°～40° 的视野范围内；次要的可安排在 40°～60° 视野范围内；而 80° 以外的视野范围，由于认读效率低，一般不安排显示装置。

按使用顺序排列：显示装置按照操作的顺序排列先后，能够有效提高认读效率，降低误读率。

按功能进行组合排列：注意显示装置的内在逻辑性。显示同种信息，具有相似功能或在操作中需要同时使用的显示装置应排列在一起。

按视觉特性排列：应当满足水平观察多于垂直观察；阅读方向从左向右，自上而下或顺时针；排列尽量紧凑；显示内容应与观察视线垂直。

（3）仪表设计

① 仪表显示器分类。仪表根据显示特征可分为数字仪表和模拟仪表。数字仪表直接显示数字，认读精确快速，不易疲劳。形式包括机械式、电子式等；模拟仪表用标定在刻度上的指针来显示信息，具有形象化、可连续的特点，能直观地反映信息变化的趋势。模拟仪表通常采用刻度指针形式，又可分为指针活动式和指针固定式两种，下面将具体介绍。

刻度指针式仪表常见的有开窗式、圆形式、半圆形式、水平直线形式、垂直直线形式。一般开窗式仪表误读率最低，而垂直直线形式的仪表误读率最高。但开窗式仪表一般都嵌入到大的仪表盘中而不单独使用，表示高位数值或需要强调的数值。图 3-4 展示了不同刻度仪表的样式。

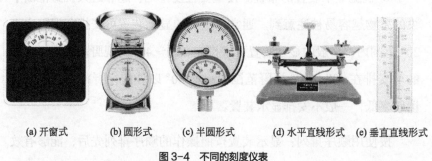

(a) 开窗式　　(b) 圆形式　　(c) 半圆形式　　(d) 水平直线形式　(e) 垂直直线形式

图 3-4　不同的刻度仪表

② 刻度指针式仪表设计。

尺寸：仪表盘尺寸的选择应满足在清晰阅读的条件下尽量采用小尺寸。刻度线的宽度一般取间距大小的 5%～15%，刻度线宽度为间距的 10% 时，误读率最小。

刻度：刻度值取整数并标注在长刻度线上；刻度值排列应从左

到右，从上到下或顺时针方向递增；不标数字的小刻度线所代表的数值应以 1、2、5 倍增加；阅读精度要求高时，每个刻度线都应标数，或者每隔 5、10 个刻度单位进行标数；标数本身的规格尺寸少于 3 种。

标数：数字应尽量不被指针遮挡；指针活动式仪表的标数应当呈竖直状态，指针固定式仪表的标数应当沿径向布置；开窗式仪表应至少显示三个数字；扇形和圆形仪表的 0 位通常设置于时钟的 12 点或 6 点的位置。

指针：指针应呈现出明显的指示性形状，一般以针尖指示的方向为准；针尖的宽度一般与小刻度标记的宽度相同；指针尽量贴近表盘且针尖位置向下略弯曲，以减少阴影。

色彩：单色界面下，通常墨绿色和淡黄色仪表表面印白色和黑色的刻度线误读率最小，无需暗适应的条件下，以亮底暗字为好。对于彩色界面，色彩不宜超过 7 种，色彩数量越多，使用色彩的元素尺寸也应增大；可选择一些特殊颜色来强调信息；避免同时显示高饱和度的极端颜色；在显示器边缘区域不应采用红色和绿色的形状符号；大尺寸形状可采用非饱和的蓝色，但不适用于文字、细线和小形状；相互靠近的元素可采用反差色，字母和符号的颜色必须与背景色形成对比；颜色应与形状或亮度等辅助提示共用。

字符：字符的形状应该简明易懂且醒目，多用直角与尖角型。汉字推荐用宋体和黑体；其他字体的辨认度，笔画均匀的字体优于粗细变化的字体、正体优于斜体、简洁字体优于花体、大写字母优于小写字母、细体优于粗体、方形和高矩形优于扁宽字体；横向排版优于纵向排版。

设计时字符的适宜尺寸可参考以下计算公式：

$$H = 0.056D + K_1 + K_2$$

式中　　H——字高，mm；

　　　　D——视距，mm；

　　　　K_1——照明与阅读条件校正系数，对于高环境照明，当阅读条件好时 K_1 取 1.5mm，当阅读条件差时 K_1 取 4.1mm；对于低环境照明，当阅读条件好时 K_1 取 1.5mm，当阅读条件差时 K_1 取 6.6mm；

　　　　K_2——重要性校正系数，一般情况下，K_2=0，对于重要项目，如故障信号，K_2 可取 1.9mm。

字符笔画的宽度与字高的比值，白底黑字时大于 1∶8，黑底白字时大于 1∶13 时仍清晰可辨；两行文字的间距至少为字高的 1/3。

（4）老年产品显示设计

① 老年产品设计概述。人们通常认为老年人不愿意接受新技术和新产品，认为他们普遍存在身体机能和理解能力偏低。然而早有很多研究者的研究结果否认了这一观点，表明大多数老年人能意识到新技术和产品对他们有益并且愿意尝试。当然，与年轻群体相比，老年人接受新技术、新产品的速度较慢，在大量实验当中，老年人熟悉一种新产品所需要的时间比年轻人更长，所犯的错误也更多。针对老年群体的产品设计一直是人因工程当中的重要分支。

② 老年产品界面设计。针对老年人的界面设计存在争论，例如采用更大的字体来降低识别文字的难度，而另一方面更大的字体造成

了每行显示的内容减少，增加了眼球的运动，使得阅读更加疲劳并且降低效率。

经过研究者们不断地探索，总结出了如下几点比较公认的设计建议：字体大小应该是可调整的；尽量提高屏幕显示的分辨率；考虑使用蓝色背景上的白色文本或浅色背景上的深色文本；采用多种视觉尺度，例如大小、形状和颜色；选择图形交互界面而非命令行交互；减少需要采用精确动作的交互方式；使用触控设备时避免同时使用双手触摸；在系统中提供操作帮助；允许用户经常休息；保持设计的一致性；避免同时以不同形式呈现信息。

一般产品的操作媒介主要分为触控与物理按键，通常触摸显示屏设备适合进行离散的、有指向性和轨迹的操作，属于直接的操作设备。而间接操作设备如鼠标和键盘，为精准的或重复度高的操作提供了更好的性能。设计老年产品时应根据侧重进行选择搭配。

3.1.2　听觉感知设计

（1）听觉的特性

① 听觉概述。声波是引起听觉的要素。耳朵是人接受声音刺激的器官，声波通过外耳道传到鼓膜，引起鼓膜的振动，将声波转化为听神经上的神经冲动，最终传递到大脑皮层的听觉中枢，从而产生听觉。耳朵构造如图 3-5 所示。

② 频率响应。人可听见的声音范围取决于声音的频率。12～25 岁的青少年能够听到的频率范围大约是 16～20000Hz，一般人的最佳听觉频率范围是 20～2000Hz。超过 25 岁时，对 15000Hz 以上的

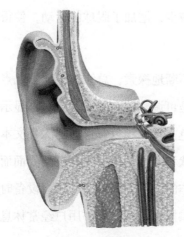

图 3-5 耳朵构造

频率敏感度降低。年龄越大，频率感受的上限就越低，但对 2000Hz 以下的低频声波的敏感度变化不大。人最敏感的声波频率范围在 1000～3000Hz 之间，这也是人们讲话声音的大致频率范围。表示声波强度的物理量有声压（Pa）、声强（W/m²）、声压级（dB），并将人能刚听到的声压（即 0.00002Pa）定义为 1dB（分贝）。人能接受的声觉范围大概在 20～60dB，人感受到的最弱声音界限值称为听阈，使人产生刺痛感的高强度声音界限值称为痛阈，听阈和痛阈之间就是人们可接受的正常范围。表 3-2 统计了不同声音强度对人的影响，图 3-6 为人的听阈范围。

表 3-2 不同声音强度对人的影响

声压 /dB	人耳感受	对人的影响	声压 /dB	人耳感受	对人的影响
0～9	刚能听到	安全	90～109	吵闹到很吵闹	听觉慢性损伤
10～29	很安静	安全	110～129	痛苦	听觉慢性损伤
30～49	安静	安全	130～149	很痛苦	其他生理受损
50～69	感觉正常	安全	150～169	无法忍受	其他生理受损
70～89	逐渐感到吵闹	安全			

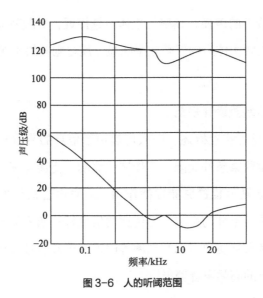

图 3-6 人的听阈范围

③声音的音调、音强和音色。声波的频率决定音调，声波的振幅决定音强，声波的波形决定音色。人对音调的感觉比音强更灵敏，当频率小于 500Hz 或大于 4000Hz 时，人可分辨的频率差别为 1%；频率在 500~4000Hz 时，可分辨的差别为 3%。

④声音的方位和远近。声音传递到两耳的时间有偏差，强度也有不同，人可以通过这些差别判断声源方位，这种现象称为"双耳效应"。通常小于 200Hz 的低频声音不能判断方位，大于 500Hz 的高频声音则容易判断。频率低的声音主要通过时间差来判断，频率高的声音则主要通过强度差来判断。

⑤听觉的适应性。当某种声音持续时间过长时，人对这种声音的感受性将降低，对于频率接近的声音也会不敏感。因此听觉信号应该避免使用与环境音接近的频率。

⑥听觉的屏蔽效应。听觉的屏蔽效应指一个声音（屏蔽声）掩盖了另一个声音（主体声）的现象，主体声的听阈因屏蔽声的屏蔽作用

而提高。屏蔽声的声强、频率与主体声越接近,屏蔽效应越显著。低频屏蔽声对高频主体声的屏蔽效果明显,反之则效果不明显。

(2)听觉显示装置设计规范

① 听觉显示装置概述。向人传递声音信息的装置称为听觉显示装置,在视觉观察条件受限、工作岗位流动、传递连续变化的信息等情况下,听觉显示装置更能发挥作用。人对声音信号的反应速度更快,不受照明等条件的影响,但传递的信息量不如视觉丰富。设计声音信号时要考虑环境声声强与频率等因素,声音信号本身不要引起不适,比如持续的高频声音警报。

② 听觉信号的意义。听觉信号本身传递的意义应该符合人们的生活经验,比如舒缓的低频声音表示安全,急促尖锐的高频声音表示报警。注意信号之间意义的区分避免产生歧义,使用新信号代替旧信号时可以将两个声音共用一段时间,帮助听者建立听觉习惯。

③ 听觉信号的觉察。听觉信号往往与环境噪声相伴,噪声对声音信号的屏蔽效应会干扰信号的观察。通常在安静环境中声音信号的阈值高于 20dB 时才能便于察觉,而信号持续的最短时间与频率有关,低频信号受到的屏蔽效应小。声音持续时间不应短于 200ms,而当持续时间超过几秒时人感觉到的响度不再提高。通常认为声音信号持续时间应该高于 300ms,并具有间歇性的变化以避免听者对声音产生适应而降低辨识度。

(3)听觉信号的设计

① 听觉信号的分类。听觉显示装置大多用于警示作用,根据信

号表示的危险程度不同，可以分为警告信号和注意信号。警告信号用来告知操作人员危险状况，需要快速做出反应。注意信号要求操作人员识别但不需要立即响应，对可能出现的情况做好准备。常用的装置有汽笛、蜂鸣器等。

② 警告信号的设计。听觉警告装置不应用于其他目的；具有不同意义的声音信号在频率、强度与音色等方面要有较大区别，同时使用的信号不多于 4 个；采用变频或间断的信号；信号声级至少比环境噪声高 10dB，频率与噪声有效区别以减少屏蔽效应；声源与听者之间有较大障碍物阻挡时应使用低于 500Hz 的声音；长距离传递声音应使用低于 1000Hz 的信号，并使用大功率发送；人耳对 200～5000Hz 的听觉信号最为敏感，应多使用该范围的声音；信号在发出 1s 内就应被听者辨别，并至少持续 2s，最好与危险状态的持续时间相协调；信号意义不能与工作环境中其他信号混淆；环境噪声超过 110dB 时不应采用声音信号；听觉警告信号的设计也需要参考相应领域或行业标准。

3.1.3　触觉感知设计

（1）触觉的特性

① 触觉概述。触觉是人体特别是皮肤对外界接触刺激的感觉，其在产品设计领域已经越来越受到关注。具有良好触觉反馈的产品可以让用户感到安全舒适，传递特定的使用信息，起到提高操作效率、便捷度或准确度等效果。例如手机侧面凸起的按键可以让我们在不通过视觉帮助的情况下进行盲操作。

② 温度感觉。温度感觉包括冷觉与热觉。通常人体皮肤温度在32℃左右，称为生理零点，这一温度的外界刺激不会产生冷觉或热觉，当刺激温度低于-10℃或高于60℃时则产生痛感。在合理范围内，人对温度有适应性，表现为对冷觉或热觉的敏感度降低，这种适应需要中枢神经系统的调节。

③ 痛觉。人体所有包含神经的组织都具有痛觉，疼痛是身体的自卫机制，促使我们远离危险，但过于强烈的疼痛会引起不适甚至休克。通常产品应避免引发痛觉，例如采用没有尖锐边角和毛刺的外表面，避免裸露且没有保护措施的挤压结构等。

④ 振动。振动本身是声音传播的必要条件，但同时也体现在触觉上，是反复刺激触觉感受器官产生的一种感觉，一般来说振动可以分为局部振动和全身振动。超过1000Hz的振动一般不容易被人察觉，频率一定时，振幅越大，对人的机体影响越大。具有合理频率和振幅并且持续时间不长的局部振动可以作为传递触觉信息的方式，例如智能手机中通过振动电动机向用户传递操作反馈或提示信号。但全身振动通常是有害的，可能会引起头晕恶心，血压升高，严重时会引发中枢神经系统的损伤。

（2）触觉显示装置设计规范

凡是向人体施加压力或温度变化的产品都在传递触觉信息，但触觉显示装置一般更强调与双手接触的产品，因为手是人进行操作最主要使用的部位，也是触觉感受最精确最敏锐的部位之一。手在接触产品时感受到的几何形状、材料、温度、力度都是触觉显示的内容。

3.2
信息处理

3.2.1　记忆

（1）记忆的特性

①　记忆概述。记忆是人思维活动与知觉过程中的基础，可以将记忆过程理解为对人接收的各种信息的编码、存储与提取。按对信息存储的时间长短可以将记忆分为感觉记忆、短时记忆与长时记忆。

②　感觉记忆。感觉记忆也叫瞬时记忆，当输入信息的刺激源消失后，信息在人脑中短暂保留。视觉刺激产生的感觉记忆可以保留0.25～1s，听觉信息可以保留1～4s。保存的信息完全依赖它的物理特性进行编码，因此是形象化的。在信息保留时间内如果不使用该信息或不重新刺激，保留的信息就会消失。

③　短时记忆。短时记忆也称工作记忆，信息保留的时间比感觉记忆长，一般能达到5～20s，最长不超过1min。短时记忆是若干注意的焦点的集合，但它的内容非常不稳定，能力也十分有限。

短时记忆的容量：短时记忆保存的组块是7个左右，通常为7±2个组块。组块是若干微小但相关的信息被编码组成较大的信息单元，是扩大记忆容量、减轻记忆负担的有效方法，例如我们在记忆一串电话号码时按3～4个数字为一组进行记忆就要容易得多。单一组块能承载的信息量因人而异，可能是一个字、一个图形或一整幅画面。短时记忆的不稳定性体现在它的内容随着正在进行的工作的改变而改变，如用户在使用网页搜索时会首先输入搜索关键词，这时短时记忆的内容是关键词，搜索结果出现后，用户的注意力被结果吸引，短时记忆的内容也变成刚刚浏览的搜索结果，用户往往会忘记之前输入的关键词是什么。

短时记忆的编码：短时记忆的编码包括视觉编码、听觉编码和语义编码，编码方式主要受到记忆对象的性质的影响。短时记忆的容量和保留时间有限，内容不稳定，时间的推移、干扰增多都会导致短时记忆的丧失，但重复可以将其向长时记忆转换。

④ 长时记忆。长时记忆是信息被充分理解、多次重复后被长时间保留下来的记忆，保留时间最长可以达到终身不忘。

长时记忆的容量：长时记忆的容量一般认为是无限的，根据记忆内容的类型又可分为情景记忆与语义记忆。情景记忆是与个人经历相关的事件，具有比较清楚的时间和地点信息，这种记忆容易被干扰，因此事件内容不一定准确。语义记忆是对概念、字词、公式等的记忆，以意义为基础，是概括性强的抽象化信息，不容易受到干扰。

长时记忆的编码：情景记忆以表象为编码方式，以视觉听觉等感官接收的具体信息作为基本内容，而语义记忆以语义进行编码，内容是抽象的描述。表象编码与语义编码通常相互关联，例如在回忆玫瑰时，脑海中会浮现玫瑰花的形象，这种形象是基于曾经见过的玫瑰花图像得到的，并同时会想到与玫瑰花有关的语义概念，如浪漫、美好等词语。

长时记忆的提取：长时记忆的提取方式有两种说法，一种是搜索理论，该理论认为人脑会根据传入的信息，在所有记忆中搜寻对应的记忆线索，根据线索找到我们需要回忆的内容。另一种是重建理论，认为记忆是一个主动的过程，我们记住的都是一些不完整的记忆碎片，回忆就是将这些碎片不断拼接汇聚成完整的内容。事实上这两种理论并不矛盾，并且适合于不同的编码方式，搜寻理论比较适合描述表象编码，而重建理论比较适合描述语义编码。

⑤ 遗忘。记忆的内容丢失或者提取发生错误称为遗忘，有几种比较有名的说法描述了遗忘的原理。痕迹消退理论认为随着时间的推移，记忆的痕迹会逐渐消退，著名的艾宾豪斯遗忘曲线描述了这种现象。干扰理论认为人们之所以会忘记东西，是因为受到其他新记忆的干扰，新学习的内容干扰或覆盖了以前记住的内容。线索依赖理论认为，之所以发生遗忘，是因为搜寻记忆的线索逐渐消失而非记忆的内容消失。图 3-7 为艾宾豪斯遗忘曲线，展示了随着时间推移记忆内容的剩余情况（用百分比表示）。

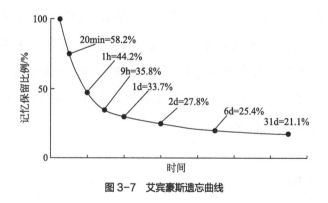

图 3-7 艾宾豪斯遗忘曲线

（2）记忆设计规范

① 使用记忆工具。类似备忘录这样的记忆工具能帮助人们记住更多事情，设计元素的一致性能减轻用户在操作方面的记忆压力。产

品应该及时提醒用户可能遗忘的事情，提供相应的记忆线索，例如提款机上倾斜的卡片放置区域使用户不得不用手一直按压住他们的卡，保证不会忘记取走。

② 减少长时记忆负担。想长时间记住某些不重要的东西是很困难的，例如一个不常使用的电话号码、邮箱或者密码。目前很多软件都有用户注册的环节需要输入这些信息，在设置这些环节时应考虑到用户忘记他们注册信息的情况，并且提供足够丰富的找回信息的方式。例如让用户自由选择容易记住的安全问题、短信验证码或指纹登录等。

③ 给予操作引导。不常用的操作方式要给予用户足够的提示，能够识别用户可能出现的操作，在操作中断时也能及时给予帮助。在苹果的 iOS 系统中完成同样的操作往往有数种手势，并且内置了动态演示的提示 APP，方便用户记忆他们习惯的操作方式。

④ 选择菜单深度。人的记忆能力会随着年龄增长逐渐下降，对老年用户而言，他们更喜欢"宽"而不是"深"的菜单系统。一个"宽"的菜单系统包含很多选项，但每个选项中只有较少的命令，而一个"深"的菜单系统则同时显示非常多的命令，这表示具有引导式访问的产品更容易被使用。

3.2.2　思维

① 思维概述。钱学森院士将人的思维划分为抽象（逻辑）思维、形象（直感）思维和灵感思维（顿悟），并且思维活动往往是多种思维同时起作用。表 3-3 列举了思维的基本特点。

表3-3　思维的基本特点

思维形式	载体特点	特征
抽象思维	一些抽象的概念、理论和数字等	抽象性、逻辑性、规律性、严密性
形象思维	形象，如语言、图形、符号等	形象性、概括性、创造性、运动性
灵感思维	既可以是抽象的概念，又可以是形象	突发性、偶然性、独创性、模糊性

② 抽象思维。在对事物拥有了感性认识后，通过判断和推理反映事物的本质，揭示其内在联系和规律的过程是抽象思维。概念是概括事物内在联系和规律的描述，它由实践经验和抽象思维的思考共同形成，通常是抽象思维过程得到的最终结果。

③ 形象思维。形象思维是依托脑中存储的各种事物的表象进行的思维，思维过程通常发生在右脑，因为右脑是负责处理表象信息的主要区域，它具有如下四个特征。

形象性：形象思维所使用的材料都是形象化的，是具有具体形态的某种信息，这与概念、理论和公式这些信息显然有很大差别。

概括性：用一类事物中的典型案例代表整体，或将一类事物的整体进行归纳总结得到典型案例，例如在统计学当中使用的抽样调查就是概括性的体现。

创造性：通过形象思维最终存储在脑中的某种形象，往往不是对事物本身完全的复刻，而是经过加工改造后重新创作出来的形象。抽象派艺术作品就很好地体现了形象思维的创造性。

运动性：形象思维的材料建立在对事物的感性认识上，但这种材料不是一成不变的。在形象思维过程中进行联想、构思和分析的过程使人对事物的感性认识上升到理性认识的层面，但这种理性认识仍然是形象化的,而非抽象思维那般具有概念性。

④ 灵感思维。灵感思维也可称为顿悟,是在不经意间或经过长时间无果的思考后突然得到新见解的现象。灵感思维可能来源于某种信息的提示、知识经验的积累以及联想等,一般具有五个特征:新颖性、短暂性、突然性、必然与偶然的统一性、伴随高度兴奋。

3.3
信息输出与设计

3.3.1 人体运动系统及机能

(1) 运动系统

运动系统是支持人做出各种动作的主要器官构成的系统,由肌肉、骨骼和关节组成。骨骼与关节相连构成骨骼系统,连接在骨骼上的肌肉通过舒展或收缩使骨骼绕关节旋转以完成各种动作。因此肌肉是动力源,关节是枢纽,骨骼是杠杆。

① 骨骼。骨骼是人体内坚硬的活体器官,成年人的骨骼系统由206块形状各异的骨骼组成,大体可分为躯干骨、上肢骨、下肢骨和颅骨四部分。骨骼系统可以支撑人体姿态,保护机体,支持人体运动,并具有造血功能。在人体测量中常用人体表面能触摸到的骨骼凸起点作为测量基准点。图3-8为成年男性的全身骨骼。

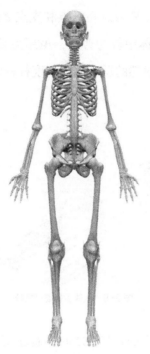

图3-8 成年男性的全身骨骼

肌肉附着于骨骼之上，牵动骨骼绕关节做运动，由此形成了骨杠杆。正如对机械杠杆的分析一样，在骨杠杆中，肌肉提供了牵动骨杠杆的力，肌肉附着在骨骼上的点称为力点，关节是连接杠杆的铰链，骨骼就是杠杆本身，作用于骨骼上的阻力的施力点称为重点，包括操纵力与人体本身的重量。根据力学特点，又可将骨杠杆分为如下三种形式。

平衡杠杆：平衡杠杆支点位于重点和力点之间，类似天平的原理。例如，通过颈椎调整头的姿势的运动就是平衡杠杆的作用。

省力杠杆：省力杠杆重点位于力点与支点之间。如支撑腿起步抬足的踝关节的运动就是省力杠杆的作用。

　　速度杠杆：速度杠杆力点在重点和支点之间，阻力臂大于力臂，此类杠杆的运动在人体中较为普遍，虽用力较大，但其运动速度较快。如手投掷物体时肘部的运动属于速度杠杆的作用。图 3-9 展示了人体手臂的速度杠杆。

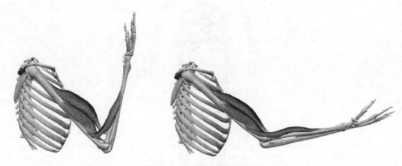

图 3-9　人体手臂速度杠杆

　　② 关节。人体全身的骨与骨之间都通过关节连接，有的连接是不可以活动的或活动范围很小，称为不动关节；有的连接是可以活动的，称为动关节。人体可以大体看作是由多个关节连接而成的一个连环结构，正像腰关节总的转动角度是由几对腰椎骨间的转角累加的结果，全身各部位能够达到的活动角度，也是各有关关节转动角度累加的结果。骨与骨之间除了由关节连接外，还由肌肉和韧带连接在一起。韧带除了有连接两骨、增加关节的稳固性的作用以外，它还有限制关节运动的作用。因此，关节的活动有一定的限度，超过限度将会造成损伤。人体的关节运动主要有角度运动、旋转运动和环绕运动三种形式。

　　角度运动：邻近两骨间产生角度改变的相对转动称为角度运动，通常有屈、伸和收、展两种运动形态。关节绕额状轴转动时，同一关节的两骨相互接近，角度减小时称为屈，反之称为伸。关节绕矢状轴转动时，骨的末端向正中面靠近的称为内收，远离正中面的称为外展。

旋转运动：骨绕垂直轴的运动称为旋转运动，由前向内旋转称为旋内，由前向外旋转称为旋外。

环绕运动：整根骨头环绕通过上端点并与骨成一角度的轴线的旋转运动，称为环绕运动，运动的结果如同画一个圆锥体的图形。

（2）人体机能

① 关节活动范围。人体主要关节的活动范围与舒适姿势的调节范围如表 3-4 所示。

表 3-4　人体主要关节活动范围与舒适姿势的调节范围（括号内为坐姿）

身体部位	关节	活动	最大角度 / (°)	最大范围 / (°)	舒适姿势调节范围 / (°)
头至躯干	颈关节	低头，仰头	+40，-35	75	+12～+25
		左歪，右歪	+55，-55	110	0
		左转，右转	+55，-55	110	0
躯干	胸关节腰关节	前弯，后弯	+100，-50	150	0
		左弯，右弯	+50，-50	100	0
		左转，右转	+50，-50	100	0
大腿至髋关节	髋关节	前弯，后弯	+120，-15	135	0（+85～+100）
		外拐，内拐	+30，-15	45	0
小腿对大腿	膝关节	前摆，后摆	0，-135	135	0（-120～-95）
脚至小腿	脚关节	上摆，下摆	+110，+55	55	+85～+95
脚至躯干	髋关节小腿关节脚关节	外转，内转	+110，-70	180	0～+15
上臂至躯干	肩关节（锁骨）	外摆，内摆	+180，-30	210	0
		上摆，下摆	+180，-45	225	（+15～+35）
		前摆，后摆	+140，-40	180	+40～+90
下臂至上臂	肘关节	弯曲，伸展	+145，0	145	+85～+110
手至下臂	腕关节	外摆，内摆	+30，-20	50	0
		弯曲，伸展	+75，-60	135	0
手至躯干	肩关节，下臂	左转，右转	+130，-120	250	-60～-30

② 施力能力。人体施力均来源于人体肌肉收缩所产生的力，即肌力。在工作和生活中，人们使用器械、操纵机器所使用的力称为操纵力。操纵力主要是肢体的臂力、握力、指力、腿力或脚力，有时也用到腰力、背力等躯干的力量。操纵力与施力的人体部位、施力方向和指向（转向），施力时人的体位姿势、施力的位置以及施力时对速度、频率、耐久性、准确性的要求等多种因素有关。在操作活动中，肢体所能发挥的力量大小除了取决于上述人体肌肉的生理特征外，还与施力姿势、施力部位、施力方式和施力方向有密切关系。只有在这些综合条件下的肌肉出力的能力和限度才是操纵力设计的依据，表3-5为20~30岁中等体力的男女青年人体主要肌力大小。

表3-5　20~30岁中等体力的男女青年人体主要肌力大小

肌肉的部位		力/N		肌肉的部位		力/N	
		男	女			男	女
手臂肌肉	左	370	200	手臂伸直时的肌肉	左	210	170
	右	390	220		右	230	180
肱二头肌	左	280	130	拇指肌肉	左	100	80
	右	290	130		右	120	90
手臂弯曲时的肌肉	左	280	200	背部肌肉		1220	710

肌力：肌力的大小因人而异，一般女性的肌力比男性低20%~30%。右利者右手肌力比左手约高10%，左利者左手肌力比右手高6%~7%。年龄是影响肌力的显著因素，男性的力量在20岁之前是不断增长的，20岁左右达到顶峰，这种最佳状态大约可以保持10~15年，随后开始下降。40岁时下降5%~10%，50岁时下降15%，60岁时下降20%，65岁时下降25%。腿部肌力下降比上肢更明显，60岁的人手的力量下降16%，而胳膊和腿的力量下降高达50%。

坐姿手臂施力：在坐姿工作时，手臂在不同角度、不同指向上的操纵力是不同的，具体如表 3-6 和图 3-10 所示。

表 3-6 坐姿下第 5 百分位数男子手臂施力（右利手者）

1	2		3		4		5		6		7	
肘部弯曲程度 /（°）	拉		推		向上		向下		向内		向外	
	左	右	左	右	左	右	左	右	左	右	左	右
180	222	231	187	222	40	62	58	76	58	89	36	62
150	187	249	133	187	67	80	80	89	67	89	36	67
120	151	187	116	160	76	107	93	116	89	98	45	67
90	142	165	98	160	76	89	93	116	71	80	45	71
60	116	107	96	151	67	89	80	89	76	89	53	71

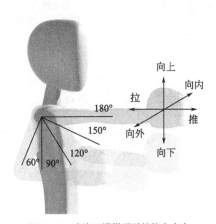

图 3-10 坐姿下操纵手臂的施力方向

可以看出在推拉方向和内外方向上，都是向着身体方向的操纵力大于背离身体方向的操纵力；在上下方向上，向下的操纵力一般大于向上的操纵力；右手操纵力大于左手操纵力，对于左利手者，情况应该相反。

坐姿脚蹬施力：脚蹬操纵力的大小与施力点位置、施力方向有关。图 3-11 所示为坐姿下不同方向脚蹬力的分布情况；由于靠背对接近水平的施力方向能提供最有利的支撑，所以能够达到最大的脚蹬操纵力。但工作时把脚举得过高，腿部肌肉将难以长久坚持。因此，实际上与人体铅垂线约成70°的方向才是最适宜的脚蹬方向，此时大腿并不完全水平，而是膝部略有上抬，大小腿在膝部的夹角在140°～150°之间。在有靠背的座椅上，由于靠背的支撑，可以发挥较大的脚蹬操纵力。

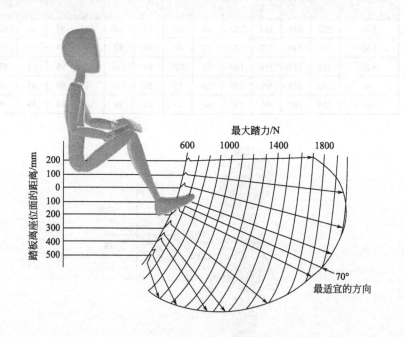

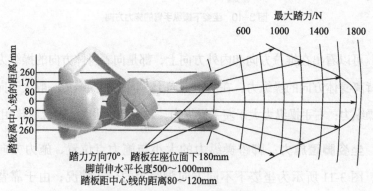

踏力方向70°，踏板在座位面下180mm
脚前伸水平长度500～1000mm
踏板距中心线的距离80～120mm

图3-11　坐姿下不同方向的脚蹬力

立姿屈臂操纵力：从图 3-12 中可以看出，前臂与上臂间夹角约为 70° 时，具有最大的操纵力。需手持的较重器具在设计时，都应注意适应人体屈臂操纵力的这种特性。在这个角度出拳的力最大，因为除了手臂的力，还可以借助腰力。

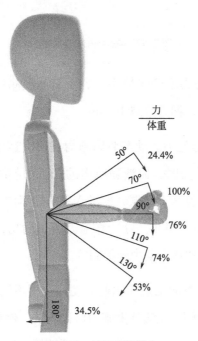

图 3-12　立姿屈臂操纵力

立姿前臂基本水平操纵力：立姿男子、女子的平均瞬时向后的拉力分别可达约 690N 和 380N；男子连续操作的向后拉力约为 300N；向前的推力比向后的拉力小一些，见图 3-13。图所示内外方向的拉推，向内的推力大于向外的拉力，男子平均瞬时推力可达约 395N。

握力：在两臂自然下垂、手掌向内（即手掌朝向大腿）执握力器的条件下测试，一般男子优势手的握力为自身体重的 47%~58%，女子为自身体重的 40%~48%，但年轻人的瞬时最大握力常高于这个水

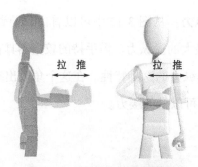

图 3-13 前后与内外方向的推拉

平。非优势手的握力小于优势手。若手掌朝上测试，握力值增大一些；手掌朝下测试，握力值减小一些。

③ 动态与静态施力。动态肌肉施力是肌肉运动时收缩和舒张交替改变。在动态施力时，血液随肌肉的舒张和收缩进入和被压出肌肉，供能物质和代谢物都能顺利地进入和排出肌肉，人不容易感觉疲劳。人们在动态施力期间，可计算施力所做的功，例如：用双脚行走、用单手拿着指挥棒在空中画圆圈等。

生活中几乎所有的工业和职业劳动都包括不同程度的静态施力，人们在静态施力期间，无法计算施力所做的功。例如，右手提着装满水的水桶站立不动、双手抱着婴儿坐着不动等。当人们对于某静止物体使出最大力气时，叫做最大意志施力（Maximal Volitional Contraction，MVC）。当人们施力相当于最大意志施力的 60%（60%MVC）时，流向该收缩肌肉的血液几乎被阻断；如果施力在 15%～20%MVC 时，血流量就趋于正常。但是实际研究发现，静态施力维持在 15%～20%MVC 时，经过一段长时间之后也会产生肌肉疼痛疲劳的现象。因此专家学者建议，在一整天的工作时，最好使静态施力小于 10%MVC，这样才可以持续工作好几个小时而不会觉得疲劳。通常情况下，某一活动既包含静态施力也有动态施力，难以划分明确的界限。静态施力较容易引起疲劳，且难以避免，但可以通过设计来尽量减少静态施力的情况。减少静态施力要避免不合理的工作姿势或作业方法，例如，在使用钳子时，人的手腕扭曲，手和前臂不在一条直线上，造成身体姿势的不自然，易疲劳。通过人机工程学的改良后，将钳子手柄设计为曲线形，从而使手和前臂的中心线在一条直线上。作业面高度对静态施力影响较大，工作面的高度应根据操作者的眼睛和观察时所需的距离设计。此外，还应避免长时间的抬手作业，如造成抬手作业，应设计手臂支撑。

3.3.2　人体操作动作分析

① 人体运动速度。人体运动部位、运动形式与运动速度：表 3-7 是人体不同部位、不同形式和条件下完成一次动作的最少运动时间，在具体运用时需要考虑与具体运动距离、运动角度、阻力、阻力矩有关的运动时间数据。

表 3-7　人完成一次动作的最少运动时间

人体运动部位	运动形式和条件	最少平均时间 /ms
手	直线运动：抓取	70
	曲线运动：抓取	220
	极微小的阻力矩：旋转	220
	有一定的阻力矩：旋转	720
腿脚	向前方、极小阻力：踩踏	360
	向前方、一定阻力：踩踏	720
	向侧方、一定阻力：踩踏	720～1460
躯干	向前或后：弯曲	720～1620
	向左或后：侧弯	1260

运动方向与运动速度：由于人体结构的原因，人的肢体在某些方向

上的运动快于另一些方向。图 3-14 是右手在水平面内实验测试的结果，实验结果表明，右手在 55°～235° 方向，即在"右上～左下"方向运动较快；而在 145°～325° 方向，即在"左上～右下"方向运动较慢。

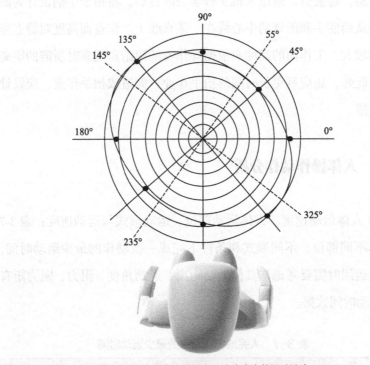

图 3-14　右手在水平面内 8 个方向上的运动速度

运动负荷与运动速度：肢体各种运动的速度都随运动中阻力的增大而减小。表 3-8 是掌心向上持握一个物体，在物体的 3 个不同质量等级下，测定记录手掌转动一定角度所需要的时间。

表 3-8　运动负荷与手掌转动角度所需要的时间

角度 /（°）	30°	60°	90°	120°	150°	180°
≤0.9	110ms	150ms	190ms	240ms	290ms	340ms
1～4.5	160ms	230ms	310ms	380ms	460ms	550ms
4.6～16	300ms	440ms	580ms	730ms	870ms	1020ms

　　运动轨迹与运动速度：人手在水平面内的运动快于铅垂面内的运动，前后的纵向运动快于左右的横向运动，从上往下的运动快于从下往上，顺时针转向的运动快于逆时针转向，人手向着身体方向的运动（向里拉）比背离身体方向的运动（向外推）准确度高。多数右利者右手向右的运动快于左手向左运动，多数左利者左手向左的运动快于右手向右运动；单手可以在此手一侧偏离正中60°的范围内较快地自如运动。双手同时运动，则只在正中左右各30°的范围以内能较快地自如运动。当然，正中方向及其附近是单手和双手能较快自如运动的区域，见图3-15。连续改变方向的曲线运动快于突然改变方向的折线运动。

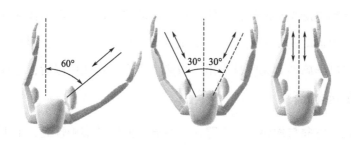

图3-15　单、双手快速自如运动区域

　　运动频率：在进行界面设计时，需要考虑人自身动作频率的上限，从而确定操纵元件的执行时间。若在设计时设置过多的操纵元件，并要求人在同一时间完成，就会使人手忙脚乱，出现错误。

　　表3-9的实验条件是：运动阻力（或阻力矩）极为微小，运动行程（或转动角度）很小，由优势手或优势脚进行测试。表中数据是一般人运动能达到的上限值，工作时适宜的操作频率应小于这个数值，长时间工作的操作频率只能更小。

表3-9　人体各部位最高运动频率

运动部位	运动形式	最高频率/（次/s）	运动部位	运动形式	最高频率/（次/s）
身体	转动	0.72～1.62	食指	敲击	4.7
前臂	伸曲	4.7	无名指	敲击	4.1
上臂	前后摆动	3.7	中指	敲击	4.6
手	拍打	9.5	小指	敲击	3.7
手	推压	6.7	脚	抬放	5.8
手	敲击	3～5	脚	以脚跟为支点踩蹬	5.7
手	旋转	4.8			

②肢体运动准确性。

运动速度与准确性：总体上随着运动速度加快，准确性通常将会降低。但运动速度偏慢时速度变化对准确性的影响很小，因此降低速度对提高准确性并无明显作用。当速度高到一定数值以后，运动的准确性加速降低。

运动方向与准确性：手臂在左右方向的运动准确性高，上下方向次之，而前后方向的运动准确性最差。而且互相对比的差距是明显的，例如我们在徒手画线时，画左右方向的直线比较容易，而画上下方向的直线就很困难。

运动类型与准确性：肢体控制不同类型动作的准确性、灵活性是不同的。图3-16给出了不同的三组对比：上面三个图所示操作的准确性，均优于对应的下图。在水平面内的转动操作，其准确性优于在铅垂面内的转动操作；在水平面内的按压操作，其准确性优于在铅垂面内的按压操作；手握弯曲把手由大小臂控制进行绕轴转动，其准确性优于手抓球体由手腕控制的绕轴转动。

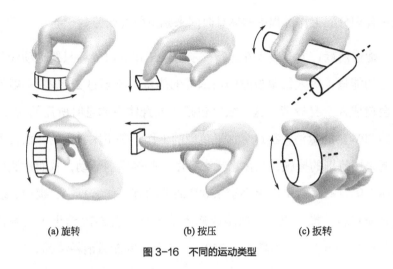

(a) 旋转　　　　　　　(b) 按压　　　　　　　(c) 扳转

图 3-16　不同的运动类型

运动量与准确性：准确性一般还与运动量大小有关，例如手臂伸出和收回的移动量较小（如 100mm 以内）时，常有移动距离超出预期的倾向，相对误差较大；移动量较大时，则常有移动距离不足的倾向，相对误差较小。旋转运动量与准确性的关系与此类似。

③ 疲劳。

疲劳的产生：由于长期保持一种姿势或重复某个动作而使人体某些肌肉持续受力，会导致局部肌肉疲劳、协调不稳以及肌肉性能的下降，因此，不能始终保持一种姿势或动作。人体在所有的施力状态下，力量的大小都与持续的时间有关。随着施力持续时间加长，力量逐渐减小。大多数人能保持肌肉的最大力量不超过几秒，保持 50% 的肌肉力量约 1min，因为持续施力会造成肌肉疲劳。

疲劳的恢复：如果肌肉疲劳就需要相当长的时间来恢复，我们需要防止肌肉疲劳。疲劳肌肉需要休息 30min 才能恢复 90% 的力量，但部分疲劳的肌肉在休息 15min 后可恢复到同等水平，使肌肉完全恢复需要好几个小时。频繁的短时间休息好于一次长时间的休息，可以通过合理分配工作过程中的休息时间来减少肌肉疲劳。

能量消耗：大多数人在进行一项长期工作的时候，只要这项任务所需的能量（每人每单位时间所消耗的能量）不超过 250W，一般就不会造成人全身疲劳。这一数字包括了人身体在休息时所需的能量，大约 80W。能量消耗在这个水平范围的工作，是不太繁重的，而且不需要采用特别的措施，如休息或交替做一些轻闲的活动，从而达到恢复体力的目的。能量需求小于 250W 的活动有写作、打字、熨烫、装配轻质材料、操作机器、散步或悠闲地骑车。表 3-10 给出了几种比较繁重的工作（能量消耗大于 250W）与对应的能量消耗情况。

表3-10　常见繁重工作与能量消耗情况

运动形式	负载	运动速度	消耗能量	运动形式	负载	运动速度	消耗能量
负载步行	40kg	4km/h	370W	骑车		20km/h	670W
快速抬举	1kg	1 次 /s	600W	爬楼梯（30°）		14km/h	960W
跑步		10km/h	670W				

3.3.3　动作与控制器设计

（1）动作设计

① 合理施力的设计思路。

避免弯腰或其他不自然的身体姿势：当身体和头向两侧弯曲造成多块肌肉静态受力时，其危害性大于身体和头向前弯曲所造成的危害性。

避免长时间地抬手作业：抬手过高不仅引起疲劳，而且降低操作精度和影响人的技能的发挥。

坐着工作比站着工作省力：工作椅的座面高度应调到使操作者能

十分容易地改变立和坐的姿势的高度，这就可以减少立起和坐下时造成的疲劳，尤其对于需要频繁走动的工作，更应如此设计工作椅。

双手对称运动：双手同时操作时，手的运动方向应相反或者对称，单手作业本身就造成背部肌肉的静态施力。另外，双手做对称运动有利于神经控制。

利用重力作用：当一个重物被举起时，肌肉必须同时举起手臂本身的重量，所以，应当尽量在水平方向上移动重物。并考虑到利用重力作用，有时身体重量能够用于增加杠杆或脚踏器的力量。在顶棚上旋螺钉要比在地板上旋螺钉难得多，这也是重力作用的原因。

② 合理运动的设计思路。

按视线设计作业高度：作业位置（座台的台面或作业的空间）和高度应按工作者的眼睛和观察时适合的距离来设计。作业位置的高度应保证工作者的姿势自然，使身体稍微前倾并正好处在观察时要求的距离。

按使用频率布置：常用工具，如钳子、手柄、工具和其他零部件、材料等，都应按其使用的频率或操作频率安放在人的附近。最频繁的操作动作，应该在肘关节弯曲的情况下就可以完成。为了保证手的用力和发挥技能，操作时手最好距眼睛 25～30cm，肘关节呈直角，手臂自然放下。

使用支撑物：当手不得不在较高位置作业时，应使用支撑物来托住肘关节、前臂或者手，支撑物的表面应为毛布或其他较柔软而且不凉的材料。支撑物应可调，以适合不同体格的人。脚的支撑物不仅应能托住脚的重量，而且应允许脚做适当的移动。

（2）控制器设计

① 基本设计原则。

控制器的尺寸、形状应适合人的手脚尺寸及生理学、解剖学条件：控制器在人机约束下所反映的外部特征主要体现在结构、形状及尺寸参数方面。选择合适的控制器，即选择部件的种类，实际上就是确定部件的结构、形状。尺寸参数的确定与人的生理特点有密切关联，确切地说与操纵部位（如人手）有关。生理特征决定了操纵件的尺寸必须控制在一定范围内，例如，普通按钮以手指操作，应以指尖的大小为依据，而像急停按钮需要手掌手指的共同操作来完成，尺寸要以掌心的大小为依据。

控制器的操作力、操作方向、操作速度、操作行程、操作准确度要求应与人的施力和运动输出特性相适应：如在相同条件下，不同结构形式的脚踏板，其操纵效率是不同的，研究表明，如表3-11中1号踏板所需时间最少。

表 3-11 不同结构形式脚踏板操纵效率的比较

序号	1	2	3	4	5
脚踏板类型					
脚踏次数（次/min）	187	178	176	140	171
效率比较	每次用时最短	每次比1号多用5%的时间	每次比1号多用6%的时间	每次比1号多用34%的时间	每次比1号多用9%的时间

避免混淆：在有多个控制器的情况下，各控制器在形状、尺寸、色彩、质感及安装位置等方面，尽量给予明显的区别，使它们易于识别。

　　让操作者在合理的体位下操作：考虑控制器操作的依托与支撑要求，减轻操作疲劳和单调厌倦的感觉。肘部可作为前臂和手关节运动时的依托支点，前臂是手关节运动时的依托支点，手腕是手指运动时的依托支点。

　　操纵机构的运动方向与被控制对象的运动方向及仪表显示方向保持一致：这样的方式可使操作准确及时，也可简化安全培训过程，改善工作的速度和精度，并减少事故。

　　② 控制器的识别编码。

　　形状编码：形状编码可以使不同控制器具有各自不同的形状特征，便于识别。对控制器进行形状编码时应注意：形状对它的功能有隐喻、暗示，即要与功能有某种逻辑上的联系，使操作者从外观上就能迅速地辨认控制器的功能。同时，照明不良时也能够分辨，戴薄手套时能靠触觉辨别。手指按压的按钮表面往往呈凹陷轮廓，手掌按压的急停键表面常采用球状凸起。

　　图 3-17 所示是常用旋钮的形状编码。图 3-17（a）应用于连续转动或频繁转动的旋钮，其位置一般不传递控制信息；图 3-17（b）应用于断续转动的旋钮，其位置不显示重要的控制信息；图 3-17（c）用于特别受到位置限制的旋钮，能根据其位置给操作者以重要的控制信息。

(a) 连续转动旋钮　　　　(b) 断续转动旋钮　　　　(c) 位置限制旋钮

图 3-17　旋钮的形状编码

位置编码：把控制器安置在不同位置，以避免混淆。最好不用眼看就能伸手或举脚操作，如离合器、油门及刹车。但这种编码方式不统一，如手机、ATM机、计算器上的数字排序并不一致。

大小编码：大小编码，也称为尺寸编码，由于控制器的大小需要与人的手脚尺寸相适应，大控制器要比小一级的尺寸大 20% 以上，才能较快感知其差别，所以尺寸编码一般只能分为大、中、小 3 个级别。

颜色编码：一般只采用红、橙、黄、蓝、绿及黑、白等有限的几种色系用于颜色编码，这种方式要在较好的照明下，颜色编码才有效，一般不单独使用，通常要跟形状编码、大小编码组合起来，增强辨识功能。色彩编码还要遵循技术标准的规定和广泛认可的色彩使用习惯，例如，停止、关断控制器用红色，启动、接通用绿色、白色、灰色或黑色。

字符编码：以文字、符号作出简明标示的编码方法。字符编码量可以很大，这是其他编码方式无法比拟的，如键盘上的按键。但字符编码要求较高的照明条件，不易快速识别，不适于紧迫的操作。

操作方法编码：用不同的操作方法（按压、旋转、扳动、推拉等）、操作方向和阻力大小等因素的变化进行编码识别，通过手感、脚感加以区别。

编码方法虽多，还需使用得当。在产品使用这个特定的语境中，产品包含的每一种形状、颜色、肌理、操作方式之间的任意组合都传出特定的心理学意义。设计师若合理利用这些产品形态本身具有的天然符号属性，就可以获得恰当的语义传达目标。实践证明，使用者习惯凭直觉、经验及相关的视觉线索来分析判断如何操作产品。设计师也可通过人们已经熟知的形状、颜色、材料、位置等组合来表示操作并使它的操作过程符合人的行动特点，同时提供操作反馈，使用户对产品的任何信息都可以迅速认识与把握。

③ 控制器布置的一般原则。

布置在手脚操作灵便自如的位置：手动操纵器应优先布置在手脚活动便捷、肢力较大的位置。手动操作的手柄、按键等控制器，按重要性和使用频率进行分区布置。

按功能分区布置，按操作顺序排列：以挖掘机、吊车等工程机械为例，有行车操作的控制器，又有现场作业操作的控制器，应把两者分区布置。同时依照操作的顺序、肢体的优势活动方向排列控制器，以便于操纵。

避免误操作与操作干扰：为避免控制器间相互干扰和连带误触，各控制器间保持足够距离，控制器不安置在胸腹高度的近身水平面上。总电源开关、紧急刹车、报警等特殊控制器应与普通控制器分开，标志明显醒目，尺寸较大，安置在无障碍区域。控制器及其对应的显示器虽宜于相邻安置，但需避免操作时手或手臂遮挡了观察显示器的视线。

显示器与控制器呈一一对应关系：当既有显示器又有控制器时，两者应有一一对应关系。

第 4 章

设计与工作负荷

4.1
生理负荷

4.1.1　基本生理信息测试

　　人体基本生理特征主要包括体温、血压、心率、耗氧量和血糖等生理参数指标。这些生理特征是人体内部机体活动的表现形式,可以反映人体内部发生的变化,且不受主观因素影响,是客观评价人体舒适度的参数指标,同时也可以作为人体是否健康的基本依据。一般情况下,这些生理特征参数指标会稳定在一个正的范围内,而且它们之间存在着内部的关联。某一生理特征的突发性改变往往会引起相关特征发生改变,会出现不同程度的异常情况。

　　在物质生活非常丰富的今天,人民的生活水平日益提高和科技水平的不断进步,人民群众对于身体健康越来越重视。借助于仪器或设备对个人的身体情况进行实时的监测,可以预先发现并制止有可能发生的疾病隐患。人体基本的生理参数主要包括心率、血压和体温等,这些生理参数与生命体征有着密不可分的关系,可以通过这些生理参数判断人体的健康状态,也是疾病诊断和医治的重要依据。

近些年来，随着科技的发展和研究人员的不断努力，生理监测系统的软硬件水平有了很大的提高，具有网络化、无线数据传输、大数据分析等特点。可穿戴健康监测系统一直是国内外研究人员的热点，该系统主要集成有传感器数据采集设备、无线数据收发模块和中央控制处理模块。国外在这方面研究有了很大的进展，有代表性的有哈佛大学 CodeBlue 系统和美国 MyHeart 心血管疾病监测智能穿戴系统。CodeBlue 系统利用小尺寸、低能耗的可便携的信号血氧计、导联式心电图机等感应器测量血氧饱和度、心率、心电等生理参数，利用无线短距离技术与移动终端协调合作的无线医疗监护系统。这样数据就能够存储在档案中并可以在终端上完成实时显示，同时如果生理参数超出正常范围的时候便会发出警报。

总的来说，穿戴式生理参数监护系统离真正投入实际使用阶段还有一定的距离，但随着技术的发展，一些问题将会迎刃而解，穿戴式生理参数监护系统将会有广阔的前景。

从可穿戴计算设备自身的特点出发，以可穿戴计算相关技术和无线数据传输技术的研究为基础，用于构建一个可穿戴人体生理特征监测系统。主要研究内容如下。

可穿戴人体生理特征监测系统体系结构的研究分别设计了基于运动健身类、健康医疗类和老年人监护类的三个应用场景，并分析和研究了相关可穿戴监测系统的关键技术问题，在此基础上提出一种基于传感器技术、低功耗蓝牙 4.0 技术、嵌入式软件与系统、服务器技术的可穿戴人体生理特征监测系统的总体架构。该架构是集数据采集、传输、分析、汇总和反馈于一体的人体生理特征监测的全方位服务平台。系统架构分三层结构，从低到高依次为：感知层、中继协调层、后台服务层。

（1）运动健身类场景设计

对于第一类使用者来说，假设使用者是一名业余跑步爱好者。他在锻炼过程中在手腕、手指或衣物上佩戴一个可穿戴设备，同时将智能手机置于手臂处或者衣物的口袋里。用户可以预先在手机里设置一个锻炼目标，比如设置跑步的距离 10000m 或者锻炼时间为 30min。用户在锻炼的过程中可以通过手机实时查看完成情况和身体的状态。在运动的整个过程中，可穿戴设备采集用户的各项生理特征参数，通过蓝牙传输技术将数据发送到手机上进行处理、分析并将结果呈现给用户。同时，这些数据可以通过手机端发往远程服务器进行存储和备份，可以供用户查看运动的阶段性成果，也可供进一步分析。运动健身类场景设计如图 4-1 所示。

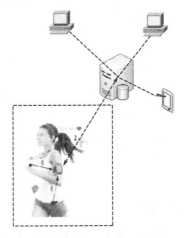

图 4-1 运动健身类场景设计示意图

（2）健康医疗类场景设计

第二类应用场景主要描述的是可穿戴生理特征监测系统在健康医疗类中的具体应用。设计一个老年人独自在家的场景。使用者在手腕、腿关节、胸部或衣服上佩戴安装有蓝牙模块的可穿戴监测设备，这些设备可以随时监测用户的脉搏、心率、血压和运动状态等常用生理特征参数。可穿戴设备将传感器采集的数据发送到手机端，手机端对数据进行处理和分析。如果用户的某项数值超过预先设定的阈值，手机会自动报警、提醒用户吃药或者自动发送短信给其子女或者相关的医护人员。同时，这些数据可以上传到服务器，进行数据的存储，供用户或者医护人员查看用以分析用户近期的身体状况。健康医疗类场景设计如图 4-2 所示。

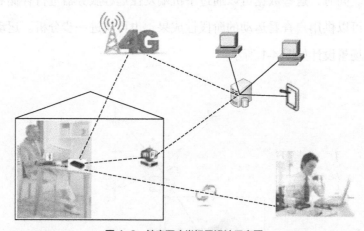

图 4-2 健康医疗类场景设计示意图

（3）老年人监护类场景设计

第三类场景设计主要是基于老年人跌倒状况的监测判断。跌倒在我国因伤害致死的因素中排在第四位，而在 65 岁以上的老年人中则位居首位。老年人一旦跌倒会造成很多的不良后果，如长时间没得到救治可能会造成严重的后果，重则致人死亡。这其中很大的一个社会因素是老年人无专门陪护人员或陪护人员保护方式不对。很多情况下，老年人跌倒后会失去意识，耽误抢救的时间。因此设计一个老年人跌倒的场景具有重要的意义。老年人佩戴安装有加速度传感器、陀螺仪、角速度传感器和一些生理特征参数采集传感器的可穿戴设备，设备形态可以是腰带式或背带式。该设备可以检测用户是否有跌倒动作的发生，并判断跌倒之后用户的运动姿态，用以分析用户是否受到比较严重的伤害。该可穿戴设备可以自动或手动发送报警信息，同时该设备将采集到的跌倒数据和相关生理特征数据发送到个人手持终端进行数据的处理和分析，并通过个人手持终端将数据发送到服务器端进行数据的存储，该服务的提供商可以对数据进行分析并为用户提供更好的老年人监护服务，同时也可以借助大数据技术统计分析什么情况下会比较容易造成跌倒的发生。老年人监护类场景的设计如图4-3所示。

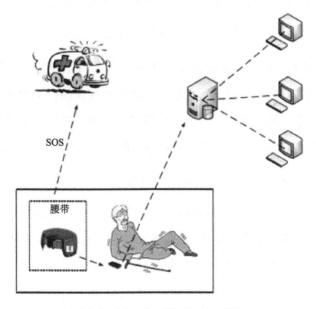

图 4-3 老年人监护类场景设计示意图

上面讲述的几种场景涵盖了大部分人体生理监测可穿戴设备的应

用范围，致力于为用户自身、医疗机构等提供生理健康信息监测服务，为潜在的隐患、正在发生的病情和已造成的伤害行为发出提醒或者自动报警。上述三个应用场景有如下几个共同点。

① 体现"以人为本"的思想。可穿戴计算的其中一个目的是人体局部功能的增强与辅助。运动健身类、健康医疗类和老年人监护类三个应用场景都是以人自身为出发点，时刻关注人体内部生理参数的变化，为用户提供健康监测服务，归根到底就是为人服务。

② 以传感器作为数据采集设备。在运动健身类和健康医疗类的应用场景中，可穿戴设备上集成了温度、脉搏和血压等传感器，用于实时监测用户的生理特征。而在老年人监护类的应用场景中，在医用传感器的基础上还集成了加速度、角速度等用于监测人体运动姿态的传感器和陀螺仪，监测用户老年人是否有跌倒行为的发生。这些场景都是建立在以传感器作为感知设备的基础上。

③ 以无线传输技术作为数据传输手段。由于可穿戴设备的便携式和移动性等特点，决定了传输环境是动态变化的，采用有线传输的手段具有很大的局限性。三个应用场景中，用户具有快速或者缓慢运动的特点，采用蓝牙无线数据传输技术能很好支持移动通信的需求。

④ 以智能移动终端设备作为"桥梁"。在三个应用场景中，都使用了智能手机等移动终端设备，为用户提供实时的数据分析、显示和提醒等个人服务。目前，智能移动终端设备已经具有很强的处理能力，可以对数据进行初步的处理和分析。同时几乎所有的手机都配有蓝牙模块和无线网卡，可以实现数据的接收和上传的功能，作为可穿戴设备与服务器之间的桥梁，起到中继的作用。

⑤ 具有一个数据的汇聚中心。在三个应用场景的示意图中，用户的

生理特征数据最后通过手机都汇聚到了服务器层进行存储，供给提供服务的运营商、专业医生护士或者相关科研院所进行进一步的分析和研究。

其中可穿戴设备、智能移动设备终端和服务器端一般有如图 4-4 所示的交互工作过程。

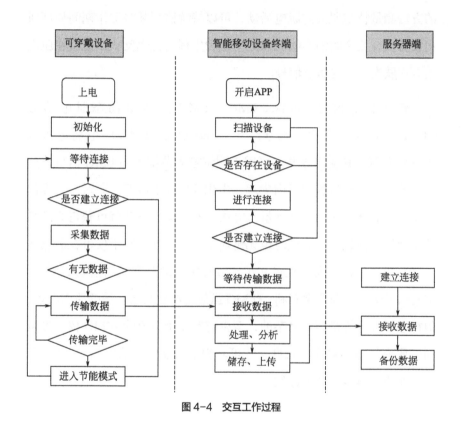

图 4-4　交互工作过程

4.1.2　肌肉信号测试

肌肉疲劳是一种复杂的现象，包括各种原因、机制和形式的表现。它的产生是由于氧气和营养物质通过血液循环供应不足以及神经系统效率变化而导致肌肉代谢、结构和能量变化的结果。一般来说，神经肌肉疲劳的潜在位置可以分为三个方面：中枢疲劳、神经肌肉接头疲劳和肌肉疲劳。因此，通常的术语"肌肉疲劳"，实际上意味着局部肌肉疲劳，有时它也被称为神经肌肉疲劳。

通常测量人体肌肉疲劳度的方法，是通过表面肌电图（sEMG）的方法测量特定肌肉的肌电活动，可以持续监测某些工作期间局部肌肉疲劳。在疲劳收缩期间肌肉的生化和生理变化也反映在记录在肌肉上方皮肤表面上的肌电信号。

表面肌电信号（surface EMG，sEMG），也称动态肌电信号（dynamic EMG）或运动肌电信号（kinesiologic EMG）。它将电极置于皮肤表面，其使用方便，可用于测试较大范围内的 EMG 信号，并很好地反映运动过程中肌肉生理、生化等方面的改变。同时，它提供了安全、简便、无创的客观量化方法，不须刺入皮肤就可获得有意义的肌肉活动信息，在测试时也无疼痛产生。另外，它不仅可在静止状态测定肌肉活动，而且也可在运动过程中持续观察肌肉活动的变化，这对研究运动负荷非常有利。sEMG 虽然可测定较大区域的肌肉活动，但神经肌肉系统是相当复杂的，至少应有 4 个通道的 sEMG 仪，方可同时研究双侧相对应的肌群，才可获得更有意义的肌电信息。图 4-5 是表面肌电信号的产生过程。

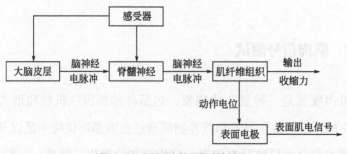

图 4-5　表面肌电信号的产生过程

（1）肌电信号分析方法

从肌电信号的变化来观察肌肉情况，需要对肌电信号的特征指标有了解，掌握它与肌肉活动的对应关系，从而做出相应判断。在对肌肉表面肌电信号进行分析时，主要指标有振幅和频谱两方面的内容。从肌电信号振幅来看，振幅指标是电信号的振动最大值的显示，它的波动直接受肌肉的发力状况影响。在随着时间的变化进程中，肌肉张力和收缩力做功的能力和振幅间存在良好的线性关系。振幅常用的指标有积分肌电值（integrated electromyogram，iEMG）和均方根值（root mean square，RMS）。iEMG 是指一定时间内肌肉中参与活动的运动单位放电总量，即在时间不变的前提下其值的大小在一定程度上反映了参加工作的运动单位的数量多少和每个运动单位的放电大小。RMS 是放电有效值，其大小决定于肌电幅值的变化，一般认为与运动单位募集和兴奋节律的同步化有关。iEMG 和 RMS 均可在时间维度上反映 sEMG 信号振幅的变化特征，而后者又取决于肌肉负荷性因素和肌肉本身的生理、生化过程之间的内在联系，因此，上述时域分析指标常被用于实时地、无损伤地反映肌肉活动状态，具有较好的实时性。从频率指标而言，单位时间内运动单元完成的放电次数，同样能指示肌肉活动变化。电信频域分析中的参数定量评价肌肉动态收缩所引起的频谱变化常用到瞬时中值频率（median frequency，MF）和平均频率（mean power frequency，MPF）。MPF 表示的是过功率谱曲线中心的频率，MF 指骨骼肌收缩过程中肌纤维放电频率的中间值。这两者相较而言，在正常情况下人体不同部位骨骼肌之间的 MF 值高低差异较大。由于肌电信号功率谱并非呈典型的正态分布，因而在特定条件下，MF 比 MPF 灵敏，其适用于变异较大或无明显规律的 sEMG 信号功率谱分析，但在具体研究中人们发现，应用 MPF 反映肌肉活动状态和功能状态的敏感性却优于 MF。

同时在之前学者研究中了解到，无论动态或静态运动，一般情况下伴随运动肌肉疲劳的发生和发展，表面肌电信号的傅里叶频谱曲线可以发生不同程度左移，而且导致反映频谱特征的 MPF 和 MF 产生相应下降，而反映信号振幅的时域指标 RMS 则在一定负荷范围内呈上升趋势。因此皮肤表面肌电信号在频率和幅值上的变化规律可以为实验分析提供思路。

（2）肌电信号收集

sEMG 信号从解剖上讲，反映的是脊髓神经冲动到肌收缩的过程；从生理模式上讲，脊髓发出运动神经冲动至多个运动单位产生活动电位差，产生生理学意义上的 EMG 信号；从仪器上讲，则是在记录部位，通过减少系统噪声，应用电极和记录装置，记录下 EMG 信号。单个的神经冲动传递至一个运动单位时产生活动电位差，当下传的冲动分别到达多个运动单位然后分别传出信号时，多个运动单位传出信号在记录装置上叠加则形成表面电极记录的 EMG。

① sEMG 仪的基本构成。由于肌肉活动产生的电位数值极小，一般仅用微伏表示，需要用十分精密和敏感的装置将信号拾取和放大。因此，从本质上讲，sEMG 仪是一个敏感性极佳的伏特表。sEMG 仪的基本构成包括拾取电极、传输导线、放大器、滤波器等。此外，先进的 sEMG 仪还有数据记忆卡、计算机及专门的分析软件等。

② sEMG 仪的工作原理。

a. 表面电极信号的传导特性。

在记录电极之前，电信号需穿越的组织距离越远，其所受的阻抗就越大。而且组织倾向于吸收肌电信号的高频部分，低频部分则很容易通过，因此，组织也可被认为是肌电信号的低频通过滤波器。

此外，肌肉与记录电极之间的脂肪层为不良导体，脂肪层越厚，抵达电板的信号量则越小。在相同运动和电极摆放条件下，一般瘦体型者 sEMG 静息电位和峰波幅值较脂肪层厚者为高，甚至在同个体，脂肪层较薄区域的 sEMG 波幅相对也较大，虽然臀大肌的肌容积较前臂伸肌大，但前臂伸肌的肌电信号波幅通常大于臀大肌。

b. 阻抗。

阻抗是电流通过物质时所遇到的阻力，皮肤属于不良导体，因此对肌电信号的微电流也存在阻抗。皮肤的阻抗会受到皮肤的潮湿程度、表皮的油性成分、角质层的密度、死亡细胞厚度的改变而改变。实验中常用一些电解质媒介（如含盐的或增加信号传导的物质）提高电极表面和皮肤表面之间的导电性。在没有应用电解质（干电极）时，皮肤也可通过出汗，自己提供电解质媒介，增加导电性。

因此，需要保持电极与皮肤之间的阻抗尽可能的低，一般电极处的阻抗需低于 5000Ω 且使两个记录电极之间的阻抗平衡。通常采用乙醇棉球擦拭皮肤可达到这一目的。当电极和皮肤之间界面的阻抗过高或两个电极之间的阻抗过于失衡，可造成放大器的共模抑制失效，放大过程就会受到来自房间内 60Hz 频率的干扰。

c. 肌电信号的滤波。

肌电信号经差分放大器"增益"后，还需滤波。大部分 sEMG 仪的滤波器可以是 sEMG 仪线路中本身具有的硬件（称之为模拟滤波器），也可以应用软件实现滤波器功能（称之为数字滤波器）。

d. 频率谱分析、滤波器。

来自肌肉的肌电信号与光相似，为频率谱。sEMG 仪可通过某一途径（如波的干涉模式）将其分解成不同的频率成分，并显示其频率范围。"功率频率谱密度"以曲线的形式反映了肌电信号的频率成分。频率谱的分析需要应用一个称之为"快速傅里叶转换系统（FFT）"的数学技术，以将信号分解为各种频率成分。放大器上所获得的往往为合成信号，当将 FFT 连于这一合成信号时，则可将其分解成频率谱图。

③ sEMG 仪的常规操作程序。各种先进技术使 sEMG 仪的操作变得相对简单了许多。例如，遥测技术的应用，避免了需要较长导线的累赘，sEMG 仪的应用空间也大大拓宽；计算机的应用，使 sEMG 信号的存储和分析、显示变得快捷；多通道 sEMG 仪使同步记录、分析多块肌肉肌电信号成为现实。不同的 sEMG 仪可能具体操作有所不同，故应按照 sEMG 仪的随机说明书进行操作。现以具有储存、记忆及遥测功能的 sEMG 仪为例，简单介绍操作程序。

a. 根据测试目的选择测试肌肉，贴敷表面电极。

b. 选择储存形式。

c. 设定取样率，选择取样期。

d. 选择是否应用记忆卡的无线遥控或即时测量方式。

e. 在测试肌肉活动或静止状态下测试、记录数据。

f. 数据传输，并根据测试目的应用相应软件进行分析。

（3）设计案例——拇外翻矫形器有效性测试

① 产品设计。根据拇外翻患者的足部结构（图4-6），及拇外翻患者的足底压力明显向前倾的特性，很多时候女性穿高跟鞋（图4-7）更会加重这一情况，依据图4-8产品设计思路，设计了一款反坡度的矫形设备。

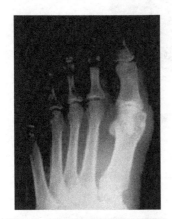
图4-6 拇外翻患者足部X光扫描图

图4-7 女性高跟鞋示意图

产品的设计概念是设计一款可以日常使用，并不会明显看出矫形特点的产品，即矫形拖鞋。该拖鞋结合"人字拖"原理，将夹角部分改良成矫形结构，并在鞋底加一个前部略高于后跟的坡度，从而达到矫形效果。

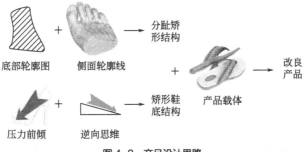
图4-8 产品设计思路

拇外翻矫形器模型共分为六个部分（图 4-9 和图 4-10），其结构由上到下依次为 PU 皮革鞋托、PU 皮革包覆圈、PU 皮革鞋面、EVA 泡沫隔层、3D 打印结构层和橡胶鞋底。

图 4-9　拇外翻矫形器渲染图

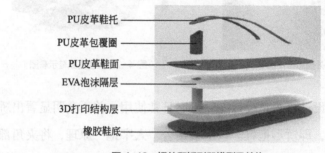

图 4-10　拇外翻矫形器模型及结构

② 产品有效性实验设计与操作。

a. 实验时间和地点。

实验于 2016 年 12 月—2017 年 2 月在东华大学机械工程学院工业设计系人因工程学实验室完成。

b. 实验被试对象。

对象：选取 2016 年 10 月—2017 年 1 月在上海市第一人民医院

康复中心接受过拇外翻诊断的中轻度患者。

入选标准：经医生临床鉴定，并通过 CT 扫描证实的足下垂患者；生命体征稳定，病发时间大于 1 年；无视听理解障碍，配合良好；无其他严重骨科疾病和影响康复训练的并发症；在实验测试阶段不接受其他形式的拇外翻治疗；所有患者均已签署康复治疗的《知情同意书》。

在本次实验中，选取了 56 名患者，实验涉及的相关情况、要求均已知晓。其中男性 0 例，女性 56 例；年龄 19～33 岁，平均年龄 25 岁。

c. 材料对象。

两种市售拇外翻矫形器和一款新型拇外翻矫形器，其中两种市售拇外翻矫形器都是市场上常见，应用较为广泛的品牌。两款市售拇外翻矫形器分别是透蜜分趾修正器以及娇兰之诺拇外翻矫正器。

在实验过程中，为了方便实验实施，将透蜜分趾修正器（图 4-11）和娇兰之诺拇外翻矫正器（图 4-12）分别编号为矫形器 1 和矫形器 2，新设计的鞋型矫形器为矫形器 3。

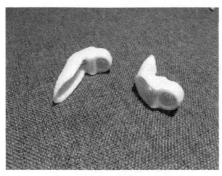

图 4-11 透蜜分趾修正器

图 4-12 娇兰之诺拇外翻矫正器

d. 实验仪器。

肌肉疲劳度的探测主要是依靠表面肌电信号探测系统来完成，系统包括硬件和软件两个部分，硬件部分的实验设备为荷兰的 TMSI 无线蓝牙多参数生物反馈仪（图 4-13），而软件部分则是使用 Biotrace+ 软件的肌电信号部分。

图 4-13　无线蓝牙多参数生物反馈仪

根据相关文件研究，穿戴拇外翻矫形器主要会牵扯到的肌肉包括六块，分别是拇展肌、拇收肌、拇短屈肌、拇短伸肌、拇长屈肌、拇长伸肌，具体位置见图 4-14。足肌主要可以分为足背肌和足底肌，足背肌较弱小，里面包含了伸拇指的拇短伸肌，足底肌分为内侧群、外侧群和中间群，内侧群有拇展肌、拇收肌和拇短屈肌。拇短伸肌位于跟骨到第 2～5 趾近节趾骨底；拇展肌位于跟骨、足舟骨到拇趾近节趾骨底；拇短屈肌位于内侧楔骨到拇趾近节趾骨底；拇收肌位于第 2～4 跖骨底到拇趾近节趾骨底。因此实验所用的贴片将在该六块区域进行测量。在粘贴电极贴片前需对皮肤进行消毒处理，以保证实验的卫生，然后再进行实验操作。

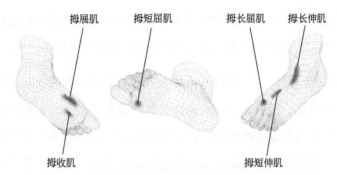

拇展肌　拇短屈肌　拇长屈肌　拇长伸肌

拇收肌　拇短伸肌

图 4-14　被测试六块肌肉位置示意图

e. 实验过程。

肌肉疲劳实验让患者穿戴好实验设备适应一段时间后，将数据线一头连接到生物反馈仪的肌电通道，另一头安装上未使用的新的电极贴片，将患者足部被测区域进行局部酒精消毒，然后贴上电极贴片，并打开 Biotrace+ 软件，进入到肌电信号采集界面。确保数据在清零的初始化状态下，开始采集肌电数据，并进行记录（图 4-15）。

图 4-15　肌肉疲劳度实验

本实验要求患者在实验前首先穿戴被测试的产品适应一段时间，同时让患者了解到整个实验的流程与目的，更好地配合实验的顺利展开。信号采集时间为 15min。信号采集时间段内，患者不用刻意去做某些指定动作，而是随意地按照正常行走方式进行活动，以此保证实验的客观性。本实验测量结果数据利用 SPSS 软件进行统计学分析。

根据统计发现，三种矫形器对患者的肌电信号在拇收肌、拇短屈肌、拇长屈肌、拇长伸肌四块肌肉上具有显著性差异，在拇展肌和拇短伸肌上不具有显著性影响，但是综合来看观察组的振幅波动较对照组略大，经分析可能是由于鞋底坡度使患者使用时较常规鞋类感到稍有不适，造成间歇性肌肉紧张。

4.1.3　骨骼与关节

运动系统是人体完成各种动作的器官系统，由骨、关节和肌肉组成。全身的骨头通过关节相连构成骨骼系统。骨头在肌肉收缩或舒张的作用下，绕关节做旋转运动，而完成各种动作。因此在运动过程中，骨是运动杠杆，关节是枢纽，而肌肉则是动力。

（1）骨骼

骨是体内坚硬而有生命的器官，主要由骨组织构成。每块骨都有一定的形态、结构、功能、位置及其本身的神经和血管。全身的骨头通过关节构成骨骼系统。全身共有骨头 206 块，它们组成坚实的骨骼框架，从而可以支撑和保护肌体。它分为躯干骨、上肢骨、下肢骨和颅骨 4 部分。骨骼系统除具有支持身体，保护内脏、脑及骨髓造血的功能外，还有完成动作的功能。人体表面能触摸到骨的突起点，在人体测量中，这些点常被利用作为测量基准点。

附着于骨的肌肉收缩时，牵动着骨绕关节运动，借助于骨杠杆的作用，使人体形成各种活动姿势和操作动作。骨杠杆在肌肉和关节的相互作用下形成。肌肉的收缩是运动的基础，但是单有肌肉收缩并不能产生运动，必须借助骨杠杆的作用，才能产生运动。因此，骨是人体运动的杠杆。人因工程学中的动作分析都与这一功能密切相关。人体骨杠杆的原理和参数与机械杠杆完全一样。在骨杠杆中，关节是支点，肌肉是动力源，肌肉与骨的附着点称为力点，而作用于骨上的阻力（如自重、操纵力等）的作用点称为重点（阻力点）。人体活动主要有以下 3 种骨杠杆的形式。

① 平衡杠杆。支点位于重点和力点之间，类似天平的原理。例如，通过寰枕关节调整头的姿势的运动就是平衡杠杆的作用。

② 省力杠杆。重点位于力点与支点之间。如支撑腿起步抬足跟时踝关节的运动就是省力杠杆的作用。

③ 速度杠杆。力点在重点和支点之间，阻力臂大于力臂，此类杠杆的运动在人体中较为普遍，虽用力较大，但其运动速度较快。如手投掷物体时肘部的运动属于速度杠杆的作用。

在设计操作时，必须考虑到骨杠杆的这些特性。由机械学中的等功原理可知，利用杠杆省力不省功，得之于力则失之于速度（或幅度），即产生的运动力量大而范围就小；反之，得之于速度（或幅度）则失之于力，即产生的运动力量小，但运动的范围大。因此，最大的力量和最大的运动范围两者是相互矛盾的，在设计操纵动作时，必须考虑这一原理。

（2）关节

① 关节按其关节面的形态和运动形式，可分为下列四大类。

a. 车轴关节。关节头的关节面呈圆柱状，围绕关节头的关节窝常由骨和韧带连成环,如寰枢正中关节、桡尺近侧关节等,可绕铅垂轴做旋转运动。

b. 单轴关节。只有一个运动轴,骨仅能沿该轴作一组运动。单轴关节又有屈成关节和车轴关节之分。屈成关节又名滑车关节,凸的关节面呈滑车状,如手指关节,总是绕冠状轴作屈、伸运动。

c. 双轴关节。有两个互为垂直的运动轴,可绕此二轴进行两组运动,也可作环转运动。双轴关节又有椭圆关节和鞍状关节之分。椭圆关节的关节头是椭圆形凸面,关节窝呈椭圆形凹面,如手腕关节,也绕冠状轴作屈、伸运动,并绕矢状轴作收、展运动。鞍状关节,相对两关节面都呈马鞍状,可作屈、伸、收、展及旋转等各种运动。

d. 多轴关节。有球窝关节和平面关节之分。球窝关节,球状的关节头较大,而关节窝浅小,如肩关节。杵臼关节与球窝关节相似,而关节窝特深,包绕关节的1/2以上,因而运动幅度较小,如髋关节。平面关节,关节面接近平面,实际上是巨大的球窝关节的一小部分,如肩锁关节。

两个或两个以上结构完全独立的关节,但必须同时进行活动,这样的关节称为联合关节。

关节的灵活性以其关节面的形态为主要依据,首先取决于关节的运动轴,轴越多,可能进行的运动形式越多;其次取决于关节面的差,面差越大,活动范围越大,如肩关节和髋关节同样是三轴关节,肩关节的头大,窝小,所以面差大,而髋关节的髋臼大而深,面差小,故肩关节比髋关节更灵活。

② 关节的运动。人体的关节运动主要有角度运动、旋转运动和环转运动三种形式。

a. 角度运动。邻近两骨间产生角度改变的相对转动，称为角度运动。通常有屈、伸和收、展两种运动形态。关节绕额状轴转动时，同关节的两骨相互接近，角度减小时称为屈，反之称为伸。关节绕矢状轴转动时，骨的末端向正中面靠近的称为内收，远离正中面的称为外展。

b. 旋转运动。骨绕垂直轴的运动称为旋转运动，由前向内旋转称为旋内，由前向外旋转称为旋外。

c. 环转运动。整根骨头绕通过上端点并与骨成一角度的轴线的旋转运动，称为环转运动，运动的结果如同画一个圆锥体的图形。

③ 关节的活动范围。骨与骨之间以一定的结构连接，称为骨连接。骨连接分为直接连接和间接连接。直接连接是通过骨与骨之间的结缔组织相互联结，活动范围小或完全不能活动，又称不动关节。间接连接的特点是两骨之间借助膜性囊互相联结，具有很大的活动性。除了通过关节相连接外，还有肌肉和韧带连接在一起，韧带除了有连接两骨、增加关节稳固性的作用以外，还有限制关节运动的作用。因此，人体各关节的活动有一定的限度，超过限度，将会造成损伤。人体处于各种舒适姿势时，关节也必然处在一定的舒适调节范围内。

（3）设计案例——外骨骼上肢康复机器人设计

根据典型成年人的上肢特性，依据人因工程数据测算外骨骼上肢康复机器人的主体参数，如臂长、臂厚、不同段的治疗、链长度和惯性等，参考人体 10～90 百分位，设置康复装备肩关节长度为 140mm，上臂长度为 250mm ± 88.5mm，前臂长度 260mm ± 47.5mm，手部摆杆长 90mm，上臂杯直径 120mm，前臂杯直径 105mm；设计该装备穿戴在上臂的侧面，目的是提供肩关节有效的康复（3 个自由度：水平和垂直运动、屈曲 / 伸展运动和内部 / 外部旋转）。肩关节作为外骨骼机构的起始端作用最为突出，肩部的自由度多，结构相对复杂，所以肩部自由度的设计与实施最困难。在康复训练中牵引肩关节所需的力较大，其能否全方位地运动决定着手臂是否能得到充分的运动，及各关节复合运动能否有效实施。综合对比肩关节机构串联和并联的优缺点：并联机构虽然机构刚性大，承载能力好，但需占据较大的工作空间，肩关节运动的空间与幅值都会下降，对规划全方位的拟人运动不利，综合而言串联机构更加符合实际情况。同时，该装备还可提供肘部康复（1个自由度，屈曲/伸展运动）、前臂康复（1个自由度，内部/外部旋转）、腕关节康复（2个自由度，屈曲/伸展运动和径向/尺骨偏离）运动。综合对自由度的分析，最终外骨骼上肢康复机器人拟采用肩关节3个自由度，肘关节1个自由度，前臂内外摆关节1个自由度及腕关节2个自由度来进行7自由度机构设计，外骨骼上肢结构图如图4-16所示。

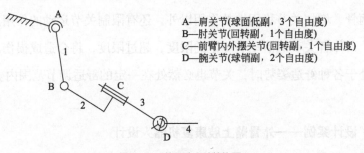

A—肩关节(球面低副，3个自由度)
B—肘关节(回转副，1个自由度)
C—前臂内外摆关节(回转副，1个自由度)
D—腕关节(球销副，2个自由度)

图4-16 外骨骼上肢结构图

图4-17所示的运动学坐标模型中，上肢的关节旋转轴由深黑色箭头（即 Z 轴）表示，关节1、2和3一起构成了盂肱关节（GHJ），其中关节1对应于水平屈曲/伸展，关节2对应于垂直屈曲/伸展，关节3对应于内部/外部旋转。对于这个外骨骼机器人，关节1、2和3的轴在公共点相交也就是肩锁关节中心的位置（M）。关节4和5的

轴线公共点（N）相交在距离盂肱关节 d_E（肱骨长度）的位置，其中关节 4 对应于肘关节的屈曲/伸展，关节 5 对应于前臂的内部/外部旋转。关节 6 和 7 相交于距离肘关节 d_W 的另一个公共点（W），关节点 6 对应于径向/尺侧偏离，关节 7 对应于屈曲/伸展。

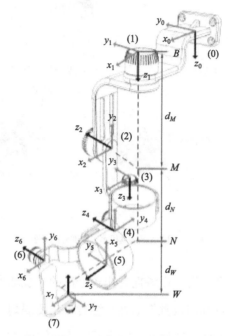

图 4-17　外骨骼上肢康复机器人运动学坐标模型示意图

　　7 自由度上肢康复机器人包含以下 3 个部分：肩部运动的支撑、肘部和前臂运动的支撑和手腕运动的支撑（图 4-18）。肩关节的内/外旋转和前臂运动支撑部分的机构稍微复杂一些，因为实际上不可能沿着上臂的旋转轴线放置任何制动器，而且上臂的旋转轴和执行机构的轴线之间会有偏移，此处引进了一种替代齿轮机构来解决这个问题。整个上肢康复机器人手臂采用铝、树脂和尼龙材料制作，由于铝是一个低密度材料，其具有合理的强度特征，可以提供一个相对轻量级的外骨骼结构。

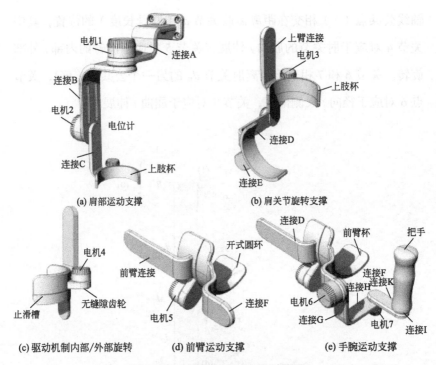

图4-18　上肢康复机器人各部分拆解图

　　从患者的角度出发，设备拥有比较合适的外观能增强患者对设备的亲近感并具有良好的视觉舒适性，结合自由度规划、驱动器、舒适性、辅助支撑，设计了外骨骼上肢康复装备的效果图，如图4-19。

图4-19　外骨骼上肢康复装备的效果图

在设计过程中充分考虑了人的因素，如上臂与前臂的可调节性、防止上肢与装备摩擦的防护装置、手臂固定的尼龙搭扣、手臂的各部分支撑、把手的舒适性等。

4.1.4 步态

足下垂患者由于足尖下垂，步行时脚掌不能与地面有力接触起到支撑作用，完成推进动作，使得整个躯体前进滞后或异常，显示出人体明显的功能障碍。因此步态的研究至关重要，既能对个体走路能力进行判定，也可以指导康复治疗。本节通过描述步态特征并进行步态分析，更好地设计实验和确定分析类型和方式。

本节所提到的步态是指人通过下肢肢体交替性支撑身体前行，在完成一种具有周期性规律的运动时所呈现出来的姿势和状态。本节的关注点在下肢完成步行时的下肢步态。我们限定的步态是正常走路时身体呈现的形式，而非快速跑动或缓慢动作幅度如小碎步式的脚步挪动的状态。当然区别于走路，走路是随时间变换完成位移的概念，步态是人体呈现出来的一种形式。步态分析过程中通常截取一个周期的数据进行分段分析。当肢体功能障碍时，步态出现异常，对步态进行精确动作描述能帮助我们明确异常发生的阶段和方式，通常有助于了解病因，掌握病情，施加引导，此外还可以给实验分析提供参考依据。

步态的改变不单一受到病势的影响，还有诸多其他因素共同作用于步态发生前、中、后的各个阶段。客观因素有：步行所处的地面情况如地势平坦或坎坷，人体载荷状况如人肩挑重担或手提重物，人的个体差异如步行习惯或体型，人的主观情绪如急性子步速快或心情郁闷四肢无力,穿戴情况如衣着偏紧或长裙拖地等。与本节密切相关的因素就是脚部所穿戴的物品的具体物理特点,如松紧、透气性、硬度等。所以实验时我们要注意控制以上能影响步态的变量。

左右脚迈开一步的长度称为步长,左右脚交替的频率称为步频,一定时间内行进的快慢称为步速,这些指标常用于步态分析,除去这些还有步幅、动态基础、进程线、底脚倾斜角等参数。步态的分析和测量一般分为时间维度的测量和空间维度的测量。时间上的参数包括步速、韵律、步行周期内动作所对应的时间百分比等,空间上的参数主要有步长、步宽、步行轨迹等。这些参数广泛应用于步态分析的过程中,针对本节实验,这些参数可以为我们提供借鉴,同时也可以作为控制变量的参照标准得以应用。实验中假设患者迈出的每一步都相近,没出现夸张的动作差异。

(1)步态形成要素

① 近机械运动介绍。人体下肢的运动过程可大致看成由脚趾和脚掌处的连接、踝关节的连接、膝关节的连接组成的三个轴的机械运动。在各种不同路况前行时,三个连接相互完美配合才能共同完成任务。踝关节在前后方向的运动方式可以分为跖屈运动和背伸运动。跖屈运动是足和小腿成钝角方向的运动,使脚背和小腿前侧成直线趋势的运动,跖屈运动的最大程度可以达到140°。背伸运动是足和小腿成锐角方向的运动,主要是抬起脚尖的形式,锐角角度最小能达到70°。以踝关节为轴的足部的跖屈和背伸运动范围大致为70°,见图4-20。

关节运动是由很多肌肉共同作用产生的。踝关节的这些运动肌群在相互作用参与工作时会产生相互牵制的功能特性,跖屈运动脚尖划

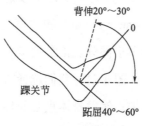

图4-20 踝关节活动范围

过的动作范围比背伸运动的动作范围大，相应跖屈耗能大、做功多。足下垂是由于跖屈肌张力的增高，造成踝关节运动模式异常，从而影响膝关节和髋关节的运动，整个人的步行能力受到影响。

② 支配作用的骨骼肌肉。因为肌肉和关节活动有直接关联，肌肉产生驱动力而产生各个方向的运动。此处就支配肢体运动的骨骼肌肉进行介绍。因为踝足矫形器是佩戴于下肢躯干。在下肢躯干活动时胫骨前肌和腓肠肌参与踝关节背屈运动和跖屈运动，同时踝关节的背屈和跖屈往往伴随着膝关节的伸展和屈曲，而股二头肌和股直肌分别是控制膝关节屈曲和伸展的主要肌肉。因而这四块肌肉的健康情况对判断肢体恢复状态有重大意义。判断佩戴踝足矫形器对下肢主要肌肉作用的疲劳度关乎人体健康，对于用户体验有着十分重要的意义。本节主要的目标肌肉，因此确定为胫骨前肌、腓肠肌、股二头肌和股直肌这四块肌肉。

（2）正常步态和患病步态

影响足下垂步态的最直接体现是踝关节活动的范围。因而本部分从患病对踝关节的影响开始探究，然后对正常和病态的步态做出描述，末尾对佩戴矫形设备时两种研究对象步态差异进行描述。

① 正常步态的描述。人的一个正常步态周期可分为两个阶段，分别是"支撑阶段"（stance phase）和"摆动阶段"（swing phase），并且又进一步分为了七个小部分。正常的步态从一个定格状态开始到相同的定格状态结束。如图 4-21，我们选择右侧下肢体进行分析。步态周期开始时右脚跟着地；然后身体重心前移，随后右脚掌放平；左腿向右腿收拢；紧接着左脚迈出，右脚跟离地，右脚此时与周期开始时左脚的状态一致；之后右脚脚趾起支撑作用，使右侧整只脚离地向跨出的左脚靠拢；最后右脚摆动到步态开始状态，即右脚跟着地，左脚趾支撑的状态。在此期间从右脚跟着地到右脚站立，右脚的踝关节做背屈运动；从右脚站立中期到右脚趾离地，踝关节做趾屈运动；右脚跨步中期到右脚跟着地，右脚踝关节又做背屈运动。从 10%～70% 步态周期即右脚跟着地到右脚趾离地是右脚的支撑阶段，这其中同时包含了左脚的左脚趾离地到左脚跟触地的摆动阶段和双脚同时和地面接触的双支撑期。从右脚的情况可见 70%～100% 步态周期为右脚的右脚趾离地到右脚跟着地的摆动期。摆动阶段和支撑阶段的比例约为 3 : 7。

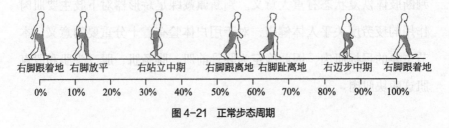

右脚跟着地	右脚放平	右站立中期	右脚跟离地	右脚趾离地	右迈步中期	右脚跟着地
0% 10%	20% 30%	40%	50% 60%	70%	80% 90%	100%

图 4-21　正常步态周期

② 足下垂步态的描述。足下垂给步态的发生产生了极大的影响。同样将步态周期分步，以右脚为例进行分析。假定右侧下肢为患肢。和正常情况不同，在步态周期的开始时刻，由于患肢的踝关节一直处于趾屈状态，无法做到右脚跟着地。开始时刻右脚掌全部触底，且足

和小腿成钝角状态，此时左腿和身体发力，左腿靠拢右腿，身体前移，缩小右腿足和小腿的角度，随即左腿迈出。这个过程中右脚掌始终紧贴地面，右腿组织本身不发力，是身体和左腿的运动强迫右脚做出背屈运动。之后左脚开始支撑身体运动，从左脚跟触地到左脚掌放平，此时正常情况下右脚趾应该发力做趾屈运动，但因为小腿肌肉功能紊乱，力量不足以支撑运动，整个身体用力，髋关节上提将右腿抬起，此时踝关节恢复趾屈状态，右脚尖划地，右脚向前伸出，脚尖先触地，直到右脚掌触底，完成右脚的摆动动作。可见由于病症，两侧步态的形式均有了较大变化，步态周期中右脚单侧触地时间变长，双脚给到地面支撑的时间也变长，且右脚不能做到脚跟触地。患肢的膝关节和髋关节的运动情况也有所改变，且健康一侧的肢体相较正常情况下，更加吃力，见图 4-22。

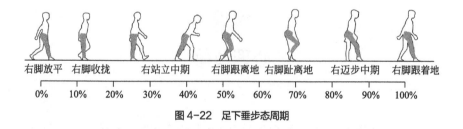

| 右脚放平 | 右脚收拢 | | 右站立中期 | | 右脚跟离地 | 右脚趾离地 | | 右迈步中期 | | 右脚跟着地 |

| 0% | 10% | 20% | 30% | 40% | 50% | 60% | 70% | 80% | 90% | 100% |

图 4-22　足下垂步态周期

（3）踝足矫形器对步态的影响

　　佩戴踝足矫形器后，固定式踝足矫形器可以使得踝关节完全固定，较裸足时步态周期变短，患肢在支撑阶段，矫形器给予一定的力量支持，且在患肢侧想要足趾离地进行摆动时，消除脚尖划地状况，更快地进入患肢支撑期，使整个患肢摆动过程的完成情况更好。非固定式踝足矫形器，使得支撑阶段和摆动阶段的状态都更贴近正常状态，因为其在支撑期给予力量支持，同时对足尖下垂也有矫正，在完成步行的过程中，辅助踝关节，使其更贴近正常工作状态。

固定式踝足矫形器和非固定式踝足矫形器步态差异原因：在足下垂的治疗中，踝足矫形器无疑是一种行之有效的治疗方式。佩戴固定式虽然使生理组织归位，使踝关节全方位固定，但是在步行运动中，使小腿整体受力状态改变，相应大腿运动也受到影响。踝关节、膝关节、髋关节运动模式均区别于正常模式，尤其踝关节还是处于制动状态，必要的背屈和跖屈运动没能完成，应用于整个足下垂矫正阶段并不合适。非固定式踝足矫形器在对踝关节进行束缚时，允许一定程度的背屈和跖屈运动，在步行训练中整体下肢运动状态更接近正常，同时因为固定程度比前者下降，对小腿后部肌肉的拉力相对较小，更适合运动训练。两种矫形器均应用于步行训练。

4.2
心理负荷

认知负荷理论的主要基础是资源有限理论和图式理论，是个体在加工信息中需要的认知资源总量。认知负荷是与完成某特定任务相关联的，在记忆中完成，并需要一定的脑能量的过程。在认知层面上的图像的复杂度分为呈现、语义、记忆三类。当信息过多时，个体会出现超负荷的状况。信息超负荷是指在一定时间内信息量超过人的加工信息的能力的现象。个体会将现实世界客观事物的基本特点及其彼此联系在头脑中形成心理表征，由过去经验或者智慧形成心理结构（如图 4-23）。

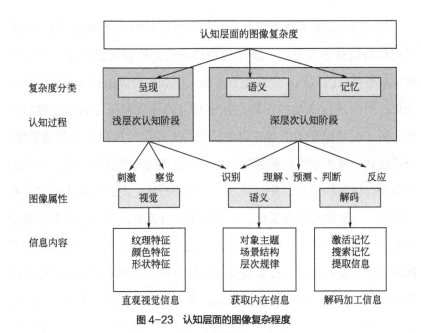

图 4-23 认知层面的图像复杂程度

在信息资源急速上升的背景下，用户界面研究的方向朝着自然、高效、以人为中心、降低用户的认知负荷逐渐靠近。在认知层面上的图像复杂度可随其分类来进行视觉、语义、解码等的脑活动。在视觉刺激时，调用脑中存在的纹理、颜色、形状等特征，获取视觉信息；在理解语义时，调用对象主题、场景结构、层次规律等，获取内在信息；在解码过程中，激活和搜索记忆，从而获取信息，最终解码加工信息。

资源有限论是指大脑能够接收的外界信息不是无限的。当然人脑的容量被使用达到饱和后，就需要对已经认知到的知识进行整理，空出一部分的脑容量，才能去接收后来的一些信息。人类正常能够接收 7±2 的组块，当超出这些组块的时候，人类的大脑就会产生认知负荷压力。资源有限指的是人脑的脑能有限，需要整理自己脑内的信息，才能空出脑能去思考其他的事情。

图式理论是指人类对已有知识和智慧形成的一个网络，是一个长时记忆的信息存储理论。图式的组成是受其所需要的概念元素的影响，且有等级的区别，上级包含下级。图式的等级由概念和数据驱动变化，可以进行主动的计算，并将自身的性质和符合的信息进行匹配。图式就是把现实中所获得的转化为头脑中的抽象且关联的思维。当接收到外界新事物的刺激时，人们就会调用这个认知结构，对新的信息进行核实和补充，并对其进行丰富和搭建。图式连接人类和生存的环境，可被重复和概括化。人类收集各方面有助于自己生存及发展的信息，将其存储在大脑中，并无主观意识地将其放入已经形成的信息网络中。图式也表征特定观念及认知结构，其影响着对后来接收的信息的加工，也引导着信息的摄入。即人们在接受新事物的时候，需和大脑里的图式进行合并。例如想到游乐场，就自动会联想到秋千、滑梯、碰碰车等娱乐设施，这就是脑中的图式。个体生活的环境不同，会形成独有的认知行为和习惯性的加工信息的方式。人们往往意识不到由长期处于某种环境中形成的稳定的心理倾向的认知方式，包括沉思、冲动、拉平和尖锐等。场独立性的人参考周围环境较少，不易受环境的影响，场依存性则相反，大众一般介于两者之间。

4.2.1 脑电信号测试

大脑是人体中功能和结构最复杂的器官，分布着百亿级数量的神经细胞。临床医学发现，大脑的不同区域对应着不同的认知功能。目前探索的已知的大脑各区域与认知功能之间的关系如图 4-24 所示，大脑有左右脑之分，左脑与身体的右半部分相关联，而身体的左半部分是受大脑的右半部分影响的。额叶分为前额叶和后额叶，前额叶与精神功能相关，后额叶主要对应的是思维功能。额叶如果受到伤害，会表现出随意运动、语言障碍、精神紊乱三方面的问题。颞叶皮层主要在听觉辨识、语言理解、听觉感受和音乐欣赏等方面发挥作用，颞叶损伤可造成记忆障碍。顶叶皮层对应的功能是体觉功能，在体觉辨识、操作理解、体觉感受和工艺欣赏等方面起重要作用。顶叶损害时可出现感知觉障碍、操作理解障碍、空间定向障碍、结构失用症等。大脑的后部分枕叶负责的是视觉功能，主要体现在视觉辨识、理解观察、视觉感受以及图像欣赏等方面。

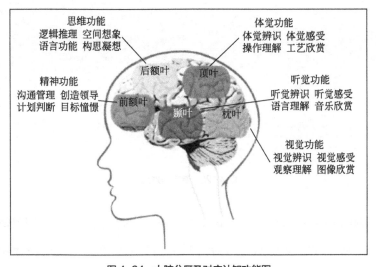

图 4-24　大脑分区及对应认知功能图

大脑中存在两条知觉的通路。一条主要参与视觉物体识别（即它是什么），另一条主要参与空间和运动知觉（即它在哪里）。注意一般指加工的选择性。注意可以是主动且基于自上而下加工的，或者是被动且基于自下而上加工的。目前，大多数关于注意的研究只关注外源性的刺激，忽视个体的目标与动机状态。因此，在研究中笔者还加入了对受试者的访谈，洞察行为背后的原因是深入了解用户的重要一步。

（1）脑电 ERP 技术概述

脑电波形图（EEG）是一种能够帮助人们去窥视大脑皮层活动的测量手段，如图 4-25。EEG 信号被某一事件刺激所引起的正负电压波动可以被称为"峰""波"或"（脑电）成分"，而这些是事件相关电位（ERP）研究的主要对象。

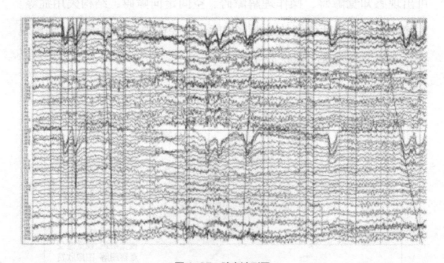

图 4-25　脑电波形图

脑电 ERP（event-related potential）是一种无损伤性脑认知成像技术，是从自发电位 EEG 中经计算机分离提取而获得的脑的高级功能电位，是相关电位的波动在时间上与人类心理以及生理活动相关联的脑电活动。ERP 脑电成分有外源性成分和内源性成分之分，外源性成分是早期脑电图的组成部分，如 P50、N1 及 C1 和 P1；内源性成分与心理因素有关，如知觉或认知等，而与物理刺激无关，如 CNV、P300、N400 等成分。经过 50 多年的研究，科学家已发现了与注意、感知、判断、决策及工作记忆内容等认知过程相关联的 ERP 成分。目前，事件相关电位和脑成像已成为可观察脑活动这个"黑匣子"的两个通道。ERP 成分的评估原则是通过潜伏期和波幅这两个指标来体现的。

潜伏期是刺激开始点和波形上的某个点之间的时间间隔。这个区间被称为绝对潜伏期，通常以毫秒表示。将波峰顶点作为测量点的潜伏期称为峰潜期，两峰之间的间隔称为峰间潜伏期或波间潜伏期。对于不同刺激和任务，会出现潜伏期提前或者延迟的现象。波幅又称振幅或电压，能够表示脑部电位活动的大小，与大脑活动的规模、认知心理过程有关，可反映出受试者在执行心理资源任务时的投入程度和兴奋度，其幅度与受试者心理资源和兴奋程度呈正比。一般以微伏（μV）来表示波峰到波谷间的垂直高度。

（2）脑电 ERP 技术在界面评估方面的应用

应用 ERP 技术的界面可用性评价时，需要关注的脑电指标有：早期选择性注意界面偏好感官编码 P100、N100 成分；与视觉注意、视觉刺激、记忆等重要认知功能相关的 N200 成分；遇到困难，中断操作产生的 P300 成分；N400 成分则用以总体风格特征识别的歧义波；误操作时的错误相关负波 ERN 成分；通过单击某一按键做出决策反应时的运动相关电位；在跨渠道的视听认知过程中的失匹配负波 VMMN 成分以及其他相关脑电成分。

实验范式的选择可以先考虑从界面视觉要素和实验目的两个方面进行选择，然后结合研究的脑电成分做出合适的选择。研究界面信息元素的视觉认知脑机制时，将全部界面作为实验材料的话，涉及的元素较多，难以进行合理的实验设计。需将界面进行分析，提取具有代表性的图形单元来开展实验，必要时还需对原始界面进行整体加工处理。针对本实验的信息元素，可采用以下实验范式。

① 视觉 Oddball 实验范式。依据不同任务将不同实验素材设定为偏差刺激和标准刺激。两种刺激的概率不同，一种刺激出现的概率很大，即标准刺激；另一种则很小，即偏差刺激，也可叫作靶刺激。受试者被要求注意靶刺激，当其出现时，做出按键反应。这个过程中可诱发产生 P300 成分、MMN 成分。

② go no go 实验范式。它是研究反应停止能力的常用范式。此流程中会随机交替出现两种不同刺激素材，受试者被要求对其中一种刺激做出反应（即 go 反应），而不回应另一种刺激（即 no go 反应）。当对 no go 刺激出现错误反应时，它可以被视为响应困难的指标。该实验范式是在等刺激概率下观察脑电成分如 N2、MMN、P3 等的变化。

③ N-back 实验范式。受试者被要求将当前刺激材料与前面第 n 个刺激材料相比，其负荷是通过控制刚出现的刺激材料与其之前出现的刺激材料间隔的数目来操纵的。当 $n=1$ 时，即表示受试者被要求对比当前刺激材料和与之相邻的前一个刺激材料；当 $n=2$ 时，则要求受试者对比当前刺激材料和与之前相隔一个位置的刺激材料；当 $n=3$ 时，表示受试者被要求比较当前刺激材料和它前面隔两个位置的刺激材料。按照这个规律可以不断提高任务难度。

多样性和标准化是脑电实验范式的重要特点，要想获得相应的 EEG 成分必须匹配相应的脑电范式进行刺激。举个例子说，P300 的经典实验范式是 Oddball 实验范式，它可以产生明显的 P300 脑电成分，同时 P300 脑电成分与记忆、认知负荷等大脑认知机制有密切联系。

（3）脑电实验案例

① 实验目的。实验以 12306 中国铁路官方手机应用中的列车搜

索结果界面为实验素材，使用 Oddball 实验范式，通过分析实验激发出 P300 成分，来研究该界面中某一图形单元的内部信息布局变化时，对应的认知负荷变化。通过对原始图形单元的 Oddball 实验，来探究其是否存在认知困难的现象，以及认知负荷是否和图形单元内部信息元素数量变化以及位置有关。

② 实验流程。整个 ERP 实验流程是参考可用性测试流程的，主要分为七个阶段。第一阶段是实验前调查，主要确定实验的研究路径和对应脑电成分、实验范式。第二阶段是招募受试者，在此阶段同时进行实验材料，即原型的制作，以及编写实验脚本。当第二阶段完成时，开始进入实验室进行接下来的工作。第三阶段是布置环境，需要实验环境安静，不易被打扰，同时较为宽敞，至少容纳三人。这里笔者选取了工业设计工程设计管理工作室进行实验，环境适宜且无其他大型实验仪器的干扰。第四阶段是笔者亲自对实验程序进行预测试，查看整个过程是否顺利进行，以及记录实验过程的总体耗时，对正式实验做出合理的时间安排。第五阶段是对招募来的受试者安排正式实验。此阶段共持续五天，需提前和 20 位受试者做好时间上的沟通。第六阶段是测试后调查，正式测试后对每一位受试者进行沟通，主要询问整个实验过程中的受试者心理感受，以及对实验过程的看法。第七阶段，也是最后的阶段，就是对实验数据进行分析处理。整个实验流程见图 4-26。

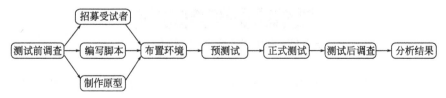

图 4-26 实验流程

③ 实验对象。受试者是 20 名大学生，男女各占一半，年龄在 22~26 岁之间，平均年龄是 23 岁。这一年龄群的受试者对智能手机操作较为熟悉，能够快速熟悉实验素材，可以削弱关联认知负荷的影响因素。并且全部受试者对象为右利手，视力或矫正视力正常，无色盲或色弱患者。要求受试者实验前进行充足的休息，以保证实验过程中注意力高度集中。

④ 实验材料。本实验以中国铁路 12306 列车搜索结果界面（图 4-27）中的不同模块进行认知负荷的分析，选取西安到上海的搜索结果，页面中列车信息较多，便于筛选合适的实验素材。图片尺寸大小为 750px×1334px，图片分辨率 72ppi。

图 4-27　中国铁路 12306 列车搜索结果界面

在此基础上截取其中一个图形单元进行分析（图 4-28），其尺寸大小为 750px×117px。

图4-28 图形单元

⑤ 选用 ANT Neuro 公司的 64 通道 waveguard 脑电帽，实验数据分析使用软件 ASA pro。实验程序由心理学软件 E-prime 编写，并对行为数据进行采集（图4-29、图4-30）。

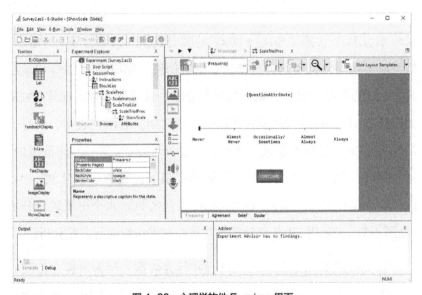

图4-29 心理学软件 E-prime 界面

⑥ 脑电记录与数据处理。脑电数据采集：头皮表面的电极排布采用国际上通行的脑电图 10～20 系统电极排布法，并且采用了与之相匹配的 ANT 脑电记录系统完成实验数据采集和数据分析，利用 64 导电极帽记录靶刺激诱发的脑电波。以双耳乳突作为参考电极（M1、M2），在整个实验过程中要求每个电极始终呈现绿色，对应的电阻始终保持在 5kΩ 以下。脑电的采样频率为 512Hz，带通为 0.1～30Hz，

图 4-30　waveguard 脑电设备

采样率为 1kHz，排除超出 ±80μV 的脑电数据。脑电信号中有眼动、肌动及其他噪声的干扰，自动校正眼电伪迹。完成连续 EEG 记录后对数据进行离线处理，并对数据进行分段，选择靶刺激出现前 200ms 到出现后 1000ms 的时间段作为脑电分段时间。有研究表明，由对于 P300 成分的描述以及总波形图可知，在 0~800ms 这一时间范围内，中央顶叶、顶叶以及枕叶的脑区激活度最大，故选取顶叶 P3、P4、Pz，中央顶叶 CP1、CP2，顶叶 - 枕叶联合区 POz 六个电极进行分析（见图 4-31），运用 SPSS 统计软件对波幅和潜伏期进行方差分析。

⑦ ERP 的提取过程。首先是合并行为数据，行为数据在传统心理学研究中具有非常重要的地位。在认知神经科学研究中，将电生理学数据与行为数据相结合，有助于进一步说明有关问题。然后是脑电预览和删除坏区，接下来转换参考电极，并对垂直眼电进行去除。数字滤波的作用在于降低噪声。EEG 中既包含信号也包含噪声，而其中一些噪声在频率上与信号的差异较大，可以通过衰减特定频率的方法来降低这些噪声。ERP 波形中绝大部分实验相关成分的频率范围在 0.01Hz 到 30Hz 之间，而 EMG、50Hz 等伪迹频率大大超过或低于这个范围临界值的，通过滤波，就可以去除这些伪迹，同时又不影

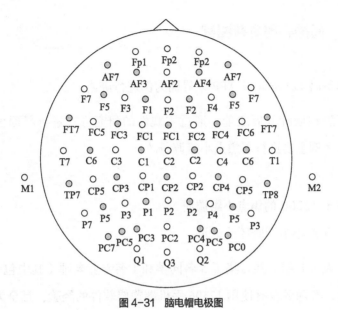

图 4-31 脑电帽电极图

响 ERP 波形。ERP 数据处理的去除伪迹阶段，是将要分析的脑电分段（epoch）内波幅超过 ±50μV 或 ±100μV 的脑电分段直接剔除掉，不进入平均叠加。其依据是正常人脑波的波幅一般不会超过 ±50μV，记录中大于 ±50μV 的一律视为伪迹，或噪声。这种方法一般可以把受肌电、血管、出汗等伪迹影响的脑电分段（epoch）剔除掉（图 4-32）。

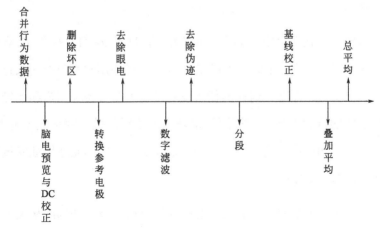

图 4-32 ERP 的提取过程

4.2.2　间接心理负荷测试

本节以 12306 购票 APP 某界面为例进行讲述。

一般在设计开展之前，通过主观性的研究方式进行界面设计研究。本案例主要进行了焦点小组调研。

（1）关于 12306 的焦点小组调研

① 焦点小组调研环节记录。

a. 人员介绍。共召集了 5 名同学和 1 名专业老师（其中包含了 3 男 3 女，有两名没有使用 12306 手机端购票软件的经验，且全为设计专业人士）。主持人为笔者，即该课题研究者。

b. 时间：2016 年 11 月 1 日，星期二，下午 3：00—3：40；地点：东华大学机械学院 5068；材料：12306 中国铁路手机端官方订票软件；设备：iPhone 6/6s。

c. 调研目的与任务的介绍。承诺调研结果为科研需要且不会透露个人隐私。

d. 统一的任务设定：购买一张 2016 年 11 月 28 日，中午 12 点到下午 5 点间，西安→上海的硬卧票。（4 名有经验用户都没有购买过从西安到上海的火车票，这样的任务设定可以平衡有经验用户和无经验用户之间的行为差异；选择硬卧票是因为该票种是个别车次才有的，而且在该时间段内符合要求的只有一趟车 Z94，这样能够保证受试者最终选择的结果相同）

e. 待所有人员完成任务后，进行使用反馈环节，并询问相关设计改进方向。

f. 调研完毕，致谢参与人员。

② 调研反馈总结。整体视觉而言，12306 界面中字体字号较多，颜色区分杂乱，信息密集，留白较少。功能而言，主要有以下反馈。

a. 第一级视触点（出发时间）不够明显，字体较小。

b. 最右侧的下拉箭头模块有误导作用，新手并不清楚其作用，具有干扰性。点击后出现的列车途经站点信息属于次要信息，出现在这里妨碍用户做决策，应该去掉。

c. 始、过、终的标记，在挑选列车时亦为次要信息，可以放到下一个页面，并且可以与途经站点模块合并。

d. 最下方的筛选模块设置没有从用户使用情境考虑，利用率低，且表现形式为文字。筛选模块可以设计成有专门针对火车席别的选择，比如卧铺、二等座等的筛选模式。

（2）专业知识的梳理

① 界面布局设计研究。苏珊·朗格在《情感与形式》一书中解释了为什么装饰能够迎合并满足我们感官愉悦的需要。"像平行线、之字形、三角形和圆形等基本的形式，在感觉原理上是将本能作为基石的；我们在装饰中司空见惯的视觉形式是根据艺术设计的原理进行结构化排布，进而触碰到人类情感层次。"很多设计原则的逻辑并不是遵从几何学中的空间概念，而是遵从人类的视觉本能。也就是说，已成定势的装饰形式在一定程度上反映了人类普遍的心理和生理本能。人们拥有这样的共识：秩序、对称、重复、韵律和整体性等形式会让人感觉到舒适。左右对称的图案能够给人带来视觉上的愉悦。这与人的双眼结构有关，因为人的双眼结构是对称的。人们还对节奏韵律有

偏好，这种偏好来自于心脏有节奏地搏动。

　　界面布局设计指的是界面中各设计元素的呈现方式和元素间的布局关系建立。首先考虑的是元素的清晰呈现，让用户能够在短时间内获得重点信息。其次，元素间的布局关系是建立在合理的权重分析之上的，对信息元素区分优先级，将优先级靠前的信息通过修饰或者位置安排等方式达到醒目的效果。根据人眼的视觉认知机制将影响界面布局设计的视觉因素分为视觉容量和视觉流程两部分。视觉容量是指单位时间内用户浏览到的总信息量，用户视线随界面元素进行的方向性移动的轨迹顺序被称为视觉流程。

　　a. 视觉容量。界面设计中的认知过载源于呈现信息元素多于视觉容量。信息的布局设计要对视觉元素进行排序，有选择性地安排信息数量，一方面不能遗漏重要信息，另一方面也不可把所有信息放在同一页面上。因此，好的视觉元素呈现方式是解决视觉容量问题的良策。就此提出以下三条关于视觉元素呈现方式的建议。

　　（a）"Less is more"，好的界面设计体现的是"大道至简"的哲学，在实现功能的前提下，尽量减少信息的数量，避免界面杂乱、重点不突出的问题。

　　（b）对于重点内容，要通过各种修饰方式进行强调。比如采用大小的对比、色彩区分和间隔疏密等方式；也可以加大重要信息的面积比例；通过分割线、辅助线划分不同功能区域。

　　（c）对于复杂界面，过多的信息元素之间会互相产生干扰，应尽量将文字转换成易于理解记忆的图形。并且要根据信息相关性进行合理构图，逻辑上相关的信息可以形成一个"组块"，在认知过程中可以减少外在认知负荷，视觉容量也会随之增大。

b. 视觉流程。视觉流程是一个从整体到局部的感知过程。用户先从宏观角度审视页面，然后才从微观意义上对具体信息进行解读。能够给用户带来自然流畅的视觉流程就是好的界面设计。

结合"手机端购票软件界面设计"的主题，主要总结如下三种视觉流程形式。

（a）单向视觉流程。曲线和直线同为单向视觉流程。"S"形态曲线视觉流程最具代表性，韵律感强，从左上向右下进行视线移动，在有限的空间游走穿梭，张弛有度。直线视觉流程分为三种形式，常见的是横向视觉流程（图 4-33）和竖向视觉流程（图 4-34），个别界面也可以使用斜向视觉流程。相较而言，单向视觉流程更顺应人的视线移动习惯，可以提高加工信息过程中的认知速度。

图 4-33　横向视觉流程

图 4-34　竖向视觉流程

（b）导向视觉流程。导向视觉流程是借助某些诱导符号和导向结构来指引用户视线的方式。图 4-35 所示的下拉箭头，具有明显的指向性，通过点击该控件，会得到列车途经车站的信息。

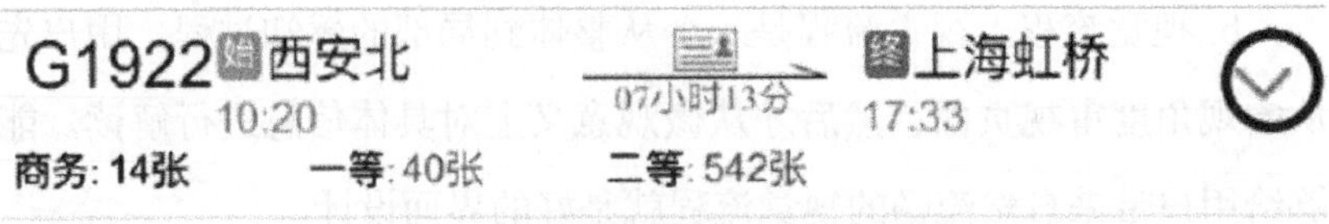
G1922
西安北
10:20
07小时13分
上海虹桥
17:33
商务: 14张
一等: 40张
二等: 542张

图 4-35　导向视觉流程

（c）焦点视觉流程。该流程经常用于突出品牌标志或者其他核心信息的布局上。图 4-36 是 12306 手机端应用的首页，视觉流程由中央向四周扩散。视觉焦点落在中央的铁路标志上，其他大面积的留白更加烘托了焦点信息。焦点视觉流程可以用以突出个别信息的设计策略上。

中国铁路客户服务中心

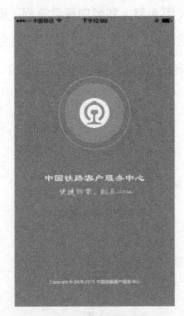

图 4-36　焦点视觉流程

② 基于内容元素的图形单元布局设计方法。

a. 建立清晰的视觉层次。格式塔原理告诉我们一个道理，“我们的视觉经过优化更容易看到结构”，信息呈现方式愈结构化和精炼，用户就愈能更快及更容易地进行浏览。当然，要让信息能够被快速浏览，仅把它们变得精炼、结构化和不重复还是不够的，它们还必须依从界面设计规则，即根据格式塔原理总结出的格式塔组织原则。可以从两个方面出发来提高用户浏览速度：首先，确保图形单元中的内容元素简洁明了；其次，还要能够区分出具体图形单元中不同元素间的关系。

（a）突出图形单元中最重要的内容。在包含大量信息的图形单元中，能够首先引起注意的往往是比较抢眼、所占面积较大的信息。为了让重要内容突出显示，要避免将信息排布得太过相似或者相同。如图 4-37 所示，应该采用适宜的对比方式，如字体、颜色、大小、纹理、方向和留白等。根据具体情况适当地采用一到两种方式，而不能贪婪地将重要信息打扮成极其特异的样貌，这样会毁了整个页面。

图 4-37　突出重要内容

（b）内容相关的信息按逻辑布局。就像我们平常喜欢把属性相同的物品分类收纳一样，人类的视觉系统也会自觉地组织界面元素，进行分类并且形成一定认知。进行界面布局设计时，要能够识别出不同的逻辑关系，区别什么是属性逻辑关系、任务逻辑关系以及物理性质逻辑关系，可以将同一逻辑关系的元素安置到相同模块内。如图 4-38

所示，通过颜色划分了不同模块区域，将住宿、出行方式、旅游攻略和其他信息进行逻辑相关的布局。

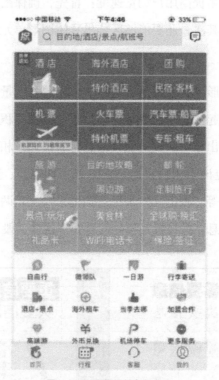

图4-38　逻辑相关布局方式

（c）用层次嵌套的方式布局包含逻辑的内容。包含逻辑的内容进行嵌套组织的形式有很多，在网页设计中使用该方式较为常见，手机界面中，采用窄而深的层级，嵌套模式会小面积地使用。

b.创建清晰的视觉流程。清晰的视觉层次可以帮助用户一步步获取和处理信息，它还关联到界面中各类视觉元素的排列顺序和主次关系等。我们的阅读习惯会遵循基本一致的规律：由上至下、从左至右、由明到暗、从动至静，从页面左上角到页面右下角。有人借助眼动仪还发现了用户在浏览网页时呈"F"形的视觉流程。同时在同一页面内人的视觉注意力分布也是不同的，注意力较集中的区域一般分布在顶部、底部和中上方。只有考虑了这些视觉规律才能造就合适的视觉流程。

c.追求视觉的和谐。对比和统一是一对有机组合。一个页面内没有任何对比，看上去就会平淡无奇，难以让人留下深刻印象。反之，如果页面内"群芳争艳"，到处都是冲突的元素，会让观者产生厌恶情绪，同样难以传达出重要的信息。因此，在整体和谐的前提下添加适当的对比才是良策。对比是可以把字体设置得更粗、更大，或者样式完全不同的字体。也可以是不同的颜色、标识图片或者空间布局。如果所有字体都设置相同的大小，那么就不会体现出重要与次要的区别。这就好比"所有一切都有相同的优先级，那么就相当于一切都没有优先级"的道理。但实际情况是，我们总是有要特别突出的信息，利用对比有利于定义什么是重要信息。同一应用的不同页面中在整体视觉上需要保持一致性，这能够给用户一种身在其中的感觉，而不至于形成迷惑。在平面设计中经常使用"基于网格的布局技术"，这同样适用于界面 UI 设计。此法也可以说是借助母版工具的设计技巧，相同逻辑下的各个页面都基本遵循母版样式。

第5章

设计与人机交互

5.1
交互设计的目标和原则

5.1.1 可用性工程

（1）可用性定义

"在特定的使用环境下，产品能被特定的用户用于实现特定目标的有效性、效率和满意度。"这一定义所解释的，包括五个组件，为了理解核心目的，这些组件必须单独处理。首先，为了进行评估，必须定义整个产品。其次，对用户的评估是强制性的，方便了解将要解决的问题。此外，必须根据有效性、效率和满意度来确定目标，以便能够衡量改进。最后，在指定背景下使用代表系统应用环境。这包括工作场所、硬件性能或显示器大小等因素。

"产品在规定条件下使用时满足规定和暗示需求的程度。"定义中所述，该属性分别关注软件在特定条件下解决特定任务的需求，这些条件表示使用环境，如可用性定义中所述。

可用性和易用性是不能互换的，但它们仍然是可连接的。可用性被定义为易用性，它指的是系统的需求和任务，用户需要在这些需求和任务上，为了实现他们的目标能够轻松地进行交互。根据这些定义，很明显可用性评估不能被视为对软件特性的简单分析。它是一个复杂的评估，包含用户、软件特性、环境和可用性度量等属性。

可用性包括五个不同的组件，即"可学习性""效率""随时间的用户保留率""错误率"和"满意度"。而 ISO 9241-11：2018 标准仅包括"有效性""效率"和"满意度"三个可用性组成部分。从不同的来源来看，可用性在某些方面是不同的。但可以对这些组件进行分类，因为它们仍然显示出相似性。接下来对以下属性进行了评估，以提供对可用性不同影响因素的核心理解。

可用性中"有效性"作为其第一个属性。更具体地说，它还包括"任务成功""完成时间"和"错误率"形式的"失败"。错误率可以以错误严重程度和错误恢复率的形式进行更深入的评估。通常此组件可以定义为用户解决任务的数量和质量，可以通过计算已完成的场景并对其正确性评分来评估这一点。

除数量和质量元素外，"效率"还包括另一个表示时间的属性。因此，该组成部分被定义为特定时间框架内已解决任务的数量和质量。效率将建立在有效性评估指标之上，效率衡量的是精神努力的数量，用户需要花费在解决预先确定的任务上的时间，以特定的速度正确和准确地完成任务。

"满意度"即用户对应用程序总体印象的主观判断。这是指诸如设计、系统的支持性、准确性和舒适性等要素。因此，设计不良的产品将导致产品获得低满意度、高阻力和较低的可接受性。它清楚地表明，可用性与否对产品的开发人员和用户都有影响。

"可学习性"作为一个重要的评估因素，该因素通过与系统绩效相关的时间来衡量。可从两个不同的角度来看待可学习性。以静态视图的形式显示用户第一次使用该系统时在系统上成功执行的能力。如果系统的接受程度由用户的第一印象决定，这可能会有所帮助。动态视图包括一个重复测量，其结果是一个学习曲线，可用于估计预期软件实现的培训成本。此组件与用户在特定时间后处理系统的能力有关，由于学习和再学习可以由不同的使用意图分开，所以提供这个属性作为单独可用性质量的度量是很重要的。

（2）可用性评估

需要对某些可用性评估方法进行评估时，ISO 标准提出了一种通用方法，包括上下文分析、任务创建和评估方法的选择，并介绍了系统可用性量表（SUS）作为衡量满意度的标准化问卷。

根据上下文分析原则，涉及任务、工作环境、设备和用户等要素。用户代表了可用性和性能评估中的一个重要因素，因为用户依赖于几个属性，例如系统的现有知识、通用 IT 教育、工作环境、运动技能和业务流程经验。根据这些因素，可以得出使用质量、有效性、效率和满意度的评估取决于使用定义的上下文。

一旦确定了使用环境和可用性设置，就必须为可用性测试的执行创建任务。"场景测试"中，可用性测试应该依赖于文档化的场景，这些场景由底层用例组装而成。将场景转化为任务，书面故事形式的场景是良好测试用例的基本原则。信息系统及其任务被包装成一个吸引人且有趣的故事的程度越高，激励用户探索系统的机会就越高。

好故事的第一个特点是"激励"。一旦用户在可用性测试期间开始关注应用程序的性能，它可以证明它们是以一种激励性的方式编写的。因此，重要的是通知用户的交互的目标和重要性以及失败的后果。第二个方面作为"可信度"的故事，以创造良好的场景。用户越能将场景与他们的个人生活联系起来，他们对评估的投入就越多。然而，如果一个故事不可信，测试用户就不会认真对待它，会模糊结果。由于场景测试的目标是提高可用性评估的结果，故事需要易于评估。高度复杂的故事会影响测试结果的复杂性。

可用性测试方法分为四种，第一种方法涉及"探索性测试"，将在开发过程的开始阶段应用。为了开发以用户为中心的解决方案，设计用户心理模型是非常重要的。第二种测试方法代表"评估测试"，通常在开发周期中完成一些重要里程碑时执行。为了执行这样的测试，用户将尝试用一个原型来解决几个任务。第三种方法是"验证测试"，将在产品公开之前执行，这个测试方法指向消除错误和验证产品的可用性。第四种测试方法则为"比较测试"。该测试将用于确定某个项目的哪个设计在可用性特征方面更好。

一旦确定了可用性测试的一般观点，就必须在特定的可用性评估方法之间进行选择，以便开发适当的测试设置。

系统可用性量表（SUS）是一个适当和快速的评估满意度的工具。一般来说，该方法是作为一个问卷组成的，其中包括十个以交替顺序排列的正面或负面陈述。因此，用户需要从"强烈不同意"到"强烈同意"对这些陈述进行五点评分。根据贝利的说法，评分范围从0～100，可用性的平均指标在65～70分。为了将比例转换为0～100的范围，必须采用以下方法。

"奇数问题"：用户的回答必须减少一点。

"偶数问题"：必须从五个问题中减去用户的回答。

转换后的分数必须相加并乘以系数2.5。

SUS问卷虽然是一种传统的方法，但它是一种适当的方法，在"可学习性"和"可用性"领域具有良好的评价基础。

（3）用户绩效评价

为了衡量用户性能，需要用硬指标定量地表示评估。因此，用户日志记录将是收集大量数据并使用定量分析工具进行评估的最好方法。

为了执行这种评估，可以考虑使用击键级别模型（K-LM）根据无错误工作流创建。关于这个因素，必须说明每个被测试用户都是不同的，这将反映在结果中。在执行性能分析之前，需要考虑系统及其领域的知识、运动技能和一般技术理解。此外，重要的是要定义将预先测试的软件标准。例如，这可能包括第一次点击分析，这是提高已解决任务成功率和导航结构以及应用程序第一个和最后一个视图的内容演示的关键因素。

K-LM代表了一种测量系统预测性能的经验方法，音乐性能测量可作为用户性能评估的一种实用方法。一般来说，该方法基于与系统交互的用户的可用性评估。K-LM指的是系统任务的专家性能分析。它是预测人机交互任务性能的工具。因此，以"打字、点击、心理准备、将手放在键盘上以及鼠标和响应时间"的经验评估指标为基础。这种方法提供了快速、简单和可预测的评估的优势，使专业人员能够在开发产品之前评估设计备选方案。它可以作为降低设计和开发成本的一个好工具，因为在性能方面的错误决策可以预先最小化。由于这种方法假定与应用程序之间没有错误交互，因此只能将其用作进一步性能评估的基准，不应将其作为基本分析。

为了应用这些度量标准，需要将具有特定目标的任务拆分为单独的操作，例如单击、拖放或键入，这些操作将为其分配不同的时间值。因此，累积的结果将提供专家用户的任务性能。

另一种测量用户性能的方法，即"有效性"和"效率"。在音乐性能方面的测量方法，为了提供对该方法的灵活处理，将其划分为基本方法（其中包括"有效性"——背景下实现目标的正确性和完整性，"效率"——时间是有效性的附加变量）和完整的、支持视频的方法（用于评估其他指标，如："相对用户效率"——通过与专家绩效进行比较来表示可学习性，"生产期"——在任务上没有问题的时间，"障碍、搜索和帮助时间"——用于克服问题、搜索和寻求帮助的非生产性时间使用诊断数据）。

完整音乐方法中包含的其他指标包括"帮助""搜索"和"挂起时间"。帮助时间与用户行为有关，例如请求他人帮助、学习在线帮助或阅读手册。根据搜索时间，它是对与任务无关的搜索活动的操作的评估，例如浏览导航。有关挂起操作的浪费时间定义为表示用户完成任务的障碍的操作，这包括否定行动、取消行动和拒绝行动。

生产周期 =（任务时间 – 非生产时间）/ 任务时间 ×%

此外，还提供了学习进度的测量方法。为了能够计算出这个指标，需要一个以专家的形式高效地使用系统任务的基准。随后，将用户效率设置为与专家度量的关系，如下所示：

相对用户效率=用户效率/专家效率×100%

（4）总结

本节确定了可用性及其组成部分的一般定义，即有效性、效率、满意度、可学习性和随时间的用户保留率。以 SUS 问卷和用户表现的形式，以 K-LM 作为专家表现和音乐表现的测量方法，找到了评价用户满意度的具体工具。

人机系统的人因目标，就是要考虑系统的生产装配、使用和维护的全过程的效率和人的安全健康等，也就是系统的装配性、可用性和维修性，这三个方面的要求是针对人机系统运行的不同阶段提出的，有一定相似性。可用性主要是针对使用过程的要求，当然安装和维护也是要考虑的。

可用性也叫作易用性、使用性，是交互式 IT 产品、系统的重要质量指标。产品对用户来说有效、易学、高效、好记、少错和令人满意的程度，即用户能否使用产品来完成他的任务，效率如何，主观感受怎样，实际上是从用户角度看到的产品质量，是产品的核心竞争力。

按照 Jakob Nielsen 在《可用性工程》一书中的解释，可用性包括以下几个方面：

可学习性（Lear Ability）——简单易学，用户能很快开始工作；

效率（Efficiency）——用户通过使用系统而使工作效率大大提高；

可记忆性（Memorability）——使用方法容易记忆，无须重新学习；

低错性（Low Error）——较少出现人的错误；

满意度（Satisfaction）——用户能带着愉悦的心情去工作。

① 可学习性。可学习性是指新用户易于进行有效的交互操作，

以使系统的性能达到最人性化体现。使用系统的第一步就是学习使用，可学习性是最基本的可用性属性。良好的可学习性能够节省学习时间和培训费用。

可学习性应包括系统的：预示性（Predictability），即用户通过过去的交互操作的经验可预判未来操作的效果；通透性（Synthesizability），即支持用户通过现在的系统状态判断过去操作的效果；熟悉性（Familiarity），即新系统的知识范围应尽量贴近用户在真实世界或其他计算机环境中拥有的知识和体验；普遍性（Generalizabilty），即支持用户将他们对于特定操作的知识延伸到其他相似的情境中；一致性（Consistency），即在相似的情境或任务中的交互操作始终具有相似性。

需要注意的是，用户一般不是在掌握整个系统后才开始工作的，大多数用户会在掌握系统部分功能后就开始工作，通过工作再学习新的功能。研究表明，出错信息易于理解、掌握部分功能就可以开始工作、撤销功能和重要作业的确认要求，都会有利于这种探索性的学习。

可学习性的度量和测试比较容易，可以测试对初次使用系统的目标用户达到某种熟练程度所需的学习时间。目标用户可以分为没有计算机使用经验的新手，以及具有计算机使用经验的用户。由于计算机的普及，后一种用户已经变为主要测试用户。熟练程度可用用户完成不同的难度层次的任务描述。

② 效率。系统的使用高效性是指熟练用户可以持续高效地工作，熟练用户是指经过特定时间系统选练，绩效水平保持稳定的用户。度量使用效率的典型方法是，确定关于技能水平的某种定义，寻找一些具有这种技能水平的有代表性的用户样本，然后度量这些用户执行某些典型测试任务所用的时间。

③ 可记忆性。从可用性角度可把用户分为三类：新手用户、熟练用户和非频繁使用用户。非频繁使用用户是那些间断使用系统的人，他们不像熟练用户那样频繁地使用系统。不过，与新手用户不同，非频繁使用用户以前使用过系统，所以他们不必从头学起，而只需要基于以前的学习来回忆怎样使用。

这种非频繁使用的情况，常见于只在特殊情况下使用的实用程序，有时会用到基本工作组成部分以外辅助应用程序，以及那些长间隔时间使用特点的程序（如制作季度报表的程序）。让用户界面容易记忆，对于那些因某种原因暂时停止使用系统的用户来说也是很重要的。

对界面可记忆性的测试主要有两种度量方法。一种方法是对在特定的一段时间内没有使用系统的用户，进行标准用户测试，度量这些用户执行某些特定任务所用的时间。对非频繁使用用户进行绩效测试，最能说明需要度量可记忆性的原因。另一种方法是对用户进行记忆测试，在他们结束一个使用系统的过程后，让其解释各种命令的作用，或者说出完成某种功能的命令（或画出对应的图标）。最后得到的用户界面可记忆性得分，就是用户给出的正确答案的个数。

有一个问题需要注意，那就是许多用户界面设计的基本思想，就是让用户看到尽可能多的东西，尽可能减少需要记忆的东西。这种系统的用户不需要去主动记忆很多东西，因为系统会在必要的时候给予提示。尽管用户在使用系统后记不住菜单的详细内容，但过一段时间再次使用的时候，却能够很熟练地使用这些菜单。

④ 低错性和容错性。错误就是不能实现预定目标的任何操作，系统的出错率是通过用户执行某个特定任务时统计错误的次数来度量

的。低错性是让用户在使用计算机系统的过程中尽可能少出错。实际上，比较全面的可用性要求应该包括容错性（Tolerance for Error），容错性是指用户的错误操作可以纠正，即使犯了错误也不会造成灾难性后果，也就是说允许用户犯错误。

有些错误可以由用户立刻纠正，只是降低用户的处理速度，对于这类出错一般不单独统计，因为，其影响会被包含在使用效率中。而有些错误则是灾难性的，这或者是由于不能被用户发现，从而造成有问题的工作结果，或者是由于它们破坏用户的工作，使之难以恢复，如误删有用的电子文档。这类灾难性的错误应当与上述轻微错误分别统计，要采取特殊措施将其发生频率降到最低。

⑤ 主观满意程度。主观满意程度是指用户对系统的使用感到愉快的程度，是最终的可用性属性。对于有些以随意方式使用的系统来说，主观满意度是一个特别重要的可用性属性，如游戏、交互小说或创意绘画等。对于这样的系统来说，其娱乐价值比速度更重要，因为人们可能想要享受长时间的乐趣。用户在使用这种系统时应当有一种愉快、受感动或得到满足的体验，因为他们除此之外没有其他目的。

5.1.2　用户体验目标

交互设计的两个重要目标就是可用性与体验，不同的交互方式会给用户带来不同的体验。在用户使用产品时，体验已经成为重要因素。

（1）用户体验概念

"体验事实上是当一个人达到情绪、体力、智力甚至是精神的某一特定水平时，他意识中产生的美好感觉。"在大规模的调查中让人去定义情绪，几乎所有人都把情绪看作他们所感觉和体验到的东西。对于多数人而言，情绪就是体验。体验通常用主观性词语描述，比如"引人入胜""有启发性"和"具有成就感"等。人的情绪和体验同人的大脑皮层有关系。研究发现，积极的情绪和体验至少在一些机制上与左半球大脑皮层有关，而消极情绪和体验与右半球大脑皮层有关。事实上，每一种情绪状态都有一种明显的生理模式与其相对应，情绪是对这样的生理模式的意识经验，情绪是对身体变化的意识，但情绪对身体变化并不起任何作用，情绪带给人的只有体验。

体验是主体对客体的刺激产生的内在反映。主体并不是凭空臆造体验，而是需要在外界环境的刺激之下所体现，它具有很大的个体性、主观性，因而具有不确定性。一方面，对于同一客体，不同主体会产生体验的差异性。体验是以每个人的个性化的方式参与其中的事件，任何一种体验其实都是某个人本身心智状态与那些筹划时间之间互动作用的结果。即使同一个事物，有人可能体验到兴奋，有人可能体验到忧伤。另一方面，同一主体对同一客体在不同时间、地点也会产生不同的体验情感，同一客体在不同时间、地点会产生相应的视知觉、情绪、思维、关联、行动等差异性，这种差异性必然影响体验活动。

用户体验（User Experience，UE）是一种在用户使用一个产品（服务）的过程中建立起来的纯主观的心理感受。因为它是纯主观的，就带有一定的不确定因素。个体差异也决定了每个用户的真实体验是无法通过其他途径来完全模拟或再现的。但是对于一个界定明确的用户群体来讲，其用户体验的共性是能够经由良好设计的实验来认识到的。用户体验的研究广泛应用于娱乐、游戏和电子竞技等行业，因为在这些领域中，产品的重要目的就是给用户带来心理上的愉悦。因此，在某些娱乐产品中，构建有适当操作难度的系统往往更能带给用户心理上的"快感"。

Patrick W. Jordan 在针对产品使用中用户的心理愉悦因素进行的研究中，总结了引起用户愉悦的体验因素有安全（Security）、信赖（Confidence）、自豪（Pride）、兴奋（Excitement）、满足（Satisfaction）、娱乐（Entertainment）、随意（Freedom）、怀旧（Nostalgia）；而引起用户反感的体验因素有：具有侵犯性（Aggression）、感觉被欺骗（Feeling Cheated）、被迫顺从（Resignation）、挫折（Frustration）、轻视（Contempt）、焦急（Anxiety）、令人烦恼（Annoyance）。

用户体验目标不同于可用性目标，它更关注用户的主观感受。有人用驾车行驶在高速公路和盘山公路来比喻可用性和体验——高速公路虽然高效却乏味，盘山公路有趣却低效。用户体验目标与可用性目标之间存在权衡取舍的问题，理解这一点在实际设计中非常重要。在实际设计中，往往是为了满足某些目标，就不得不以损失另一些目标为代价。因此，针对具体任务和使用环境，采用两类目标中不同的组合形式，以最大程度地满足用户的需求。当然两者也有统一的一面，研究表明，产品的可用性是使用户产生愉悦感的最重要前提，良好的可用性会有利于用户获得良好的心理感受，实现体验目标。

（2）用户体验分析

根据人的主观感受的深度，一般可以把用户体验分为三个基本层面：知觉意义上的体验、情感意义上的体验和场景意义上的体验。

知觉意义上的体验把用户体验看作使用产品过程中的一种信息过程，体现为一种用户的意识或潜意识。例如，用户观察、思考、期待、开始或者停止做某事，都表现出用户的不同体验。这样的体验，可以通过用户的自我描述和自我陈述表达出来。

情感意义上的体验与用户的情绪、情感有关系。例如，当人听到一个故事的时候，可能被故事感染，产生一种强烈的情绪，从而影响人的价值观甚至改变人的行为。从这个层面上看，产品不只是产品本身，而是一种可以改变用户体验的故事和载体。

场景意义上的体验把用户的体验放到一个场景或者故事中去理解。在场景里，人们可以回忆起以前的某种体验或者自己产生新的体验。在产品设计中，通常采用讲故事的方法，使用户的体验通过某种故事场景表现出来。

用户体验是复杂的，用户使用产品的体验不仅依赖于产品使用过程本身，还受到其他因素的影响。从人因工程的角度来看，影响用户体验的主要因素可以分别从人、机和环境这三个最基本组成部分的角度来理解。

人的因素包括人的价值观、认知模式、技能以及过去的体验等方面。机的因素是设计中关注的焦点。每个产品就是一个关于这个产品使用的故事，包括产品的造型语言、特征、美学水平、有效性和功能等多方面的因素，环境因素也十分重要，不同环境产生的用户体验是不同的。例如，一把椅子在办公室和公园给人的体验是截然不同的。环境因素主要包括物理环境和社会环境两个方面。例如，照明和噪声等属于物理环境因素，而使用习惯和语言等属于社会文化因素。

在体验中，意识维度是一种自动化和流畅的（潜在的）体验。这类体验不会干扰用户的注意和思维过程，它与用户过去的经验和习惯有密切的关系。如果产品要给用户创造这类体验，只需要用户学习一次或熟悉情况就可以创造出这样的体验。

认知维度体验要求人们去关注如何使用产品。认知维度体验可能同时产生，如人们可以一边写电子邮件一边打电话。认知体验主要发生在一个产品使用环境中，也许用户很熟悉产品，但在新的环境中不知道如何使用更有效；或者用户熟悉使用环境，但产品是比较陌生的。事实上，认知维度体验是让用户去学习和发现产品使用途径的过程。

叙述维度体验主要是表现在用正式或说教的语言解释、说明产品的使用。产品说明书就能创造出叙述维度体验。

讲故事代表着体验的主观方面的内容。这意味着用户和产品特征的某个部分进行"交互"从而形成一个独有的、主观的故事。正如前面提到的，产品的使用对用户来说就是个故事。用户体验框架还说明了这四个维度之间的转化过程。例如，在产品使用中，如果反复出现认知体验，就容易使用户产生意识维度体验。同样，如果意识维度的体验转变为认知维度体验，这就意味着出现了新的使用环境或产品。因此，采用哪些体验维度对设计来说是具有重要意义的。

（3）体验设计

所谓体验设计，就是通过一定的设计和评价方法实现体验目标，是在考虑个体或群体的需要、愿望、信仰、知识、技能、经历和感觉的基础上，进行的产品、过程、服务、事件和环境等人的体验的设计。谢佐夫在《体验设计》中对其定义为：它是将消费者的参与融入设计中，是企业把服务作为"舞台"，产品作为"道具"，环境作为

"布景"，使消费者在商业活动过程中感受到美好的体验过程。

《情感化设计》一书中把设计目标明确划分为三个层次，分别为本能层（Visceral Level）、行为层（Behavior Level）和反思层（Reflective Level）。本能层关注的是外形的美感；行为层关注的是认知和操作；反思层关注的是形象和印象，是指由于前两个层次的作用，在用户心中产生的深度的感受与个人经历、文化背景等综合形成的影响。显然，人机交互和环境的设计会影响行为层的目标，进而影响反思层的目标。实际上反思层的概念和感性与体验的概念很类似。

Alben 等人提出的体验设计目标包括需求、可学习性、可用性、适合性、美学品质、可变化性和易管理性等方面。事实上，需求和可学习性、可用性不能完全是体验设计标准，而是体验设计好坏的前提。适合性是指设计出的产品能够在合适的水平上合理实现产品功能，满足用户的需要。美学品质指设计能够在美学上和感官上给用户带来愉悦和满足。美学品质关注产品的风格和形式。同时，美学品质不仅仅是视觉上的，也包括触觉、听觉等感官。可变化性意味着产品具有灵活性，可以适应不同的人和不同的环境。易管理性主要指产品在购买、存放和维护等过程中的方便性。这样的方便性不仅是个人方便，还包括企业、群体的方便性。

（4）获取用户体验的方法

传统体验研究的方法大量借用了可用性研究的方法。体验设计的主要研究方法包括检视法、参与设计、工作营、故事、访谈调查和故事板等。在体验设计中，问题的关键在于采用什么方法是最适合的，研究是在用户使用产品的体验过程中还是在体验以后进行等。这些研究方法都是适应于设计的,而不仅仅是研究。

基于体验的设计(Experienced-Based Design,EBD)是由 Cain 等人提出的在设计中获取用户体验以提高产品设计质量的一种设计手段。基于体验的设计包括调查、解释并组织处理用户体验,并把其运用到设计开发中。基于体验的设计认为,设计中的体验包括人们想什么、做什么、用什么以及它们之间的关系。通过建立一个用户体验的框架,设计师可以通过对用户研究,发现其中的体验问题,从而改善或创造出积极的用户体验。

故事板(Story Board)是体验设计中运用十分广泛的方法,在很多知名企业如 IDEO、PHILIPS 和 Acer 等都采用故事板来创造体验,更好地了解用户。故事板利用人编故事、讲故事的基本能力,将设计者及产品开发的有关人员带入产品使用时的情境,透过这种情境故事,来体验产品使用的有关情境,发掘用户的需要和需求,在此基础上,还可以从旧的故事产生新的故事,从而设计出新的产品。

5.1.3 通用设计

(1) 通用设计概念

通用设计(Universal Design)是指对于产品的设计和环境的考虑是尽最大可能面向所有使用者的一种创造设计活动。现在国内有关"Universal Design"的翻译常见的有"通用设计""共通设计""全方位设计""人本设计"等,"通用设计"的叫法较为普遍。通用设计的对象不仅是日常用品,它还包括居住环境、公共设施、路标和信息牌、信号和警报系统、通信以及服务等。通用性设计被应用于多个领域，包括产品设计、环境设计、通信等领域。

通用设计一词最早由美国北卡罗来纳州立大学通用设计中心教授 Ron Mace，于 1974 年国际残障者生活环境专家会议中所提出。通用设计的原始定义为：与性别、年龄、能力等差异无关，适合所有人的设计。1998 年，该设计中心把此概念修正为：在最大限度的可能范围内，不分性别、年龄与能力，适合所有人使用方便的环境或产品之设计。

通用设计具有以下特征：无障碍性——通用性产品或环境对使用者在生理和精神上都是无障碍的；无差别性——通用性产品或环境与普通产品或环境在外表上无明显的差别；安全性——通用性产品或环境必须能够被安全使用。

但任何设计不可能满足所有的使用者，因为总存在着一些严重的肢体残疾、感觉器官残疾和认知能力障碍的人群，他们无法使用某些产品，而且产品的使用环境也是复杂多变的。

（2）通用设计原则

通用设计试图为所有人创造令人愉悦的产品和环境。通用设计不是无障碍的委婉说法，这是个术语，重新确立了良好设计的重要目标，以满足尽可能多的用户的需求。通用设计中心建立了一份名为"原则"的通用设计清单。这七项原则今天得到承认：

原则 1：公平使用；

原则 2：灵活使用；

原则 3：简单直观地使用；

原则 4：可感知信息；

原则 5：对错误的容忍；

原则 6：低体力；

原则 7：大小和空间。

这七则通用设计原则在很多学科领域都有所采用，这些原则创造了新的设计方法。无论男女老幼，所有的人都适用通过通用设计法则所设计的产品。通用设计提高了独立性、可负担性、可销售性以及用户形象和身份（Null，1988）。

（3）通用设计案例

① 住宅通用设计。在美国，没有关于单身家庭或其他形式的私人住房可以获得无障碍性的全国性要求，对于与住房行业有关联的人来说，没有什么动力来设计或制造针对单身家庭业主的通用设计产品。大多数无障碍住房是由残疾人为个人建造的。当你想到"家"这个词时，就会想到舒适和安全的概念。家是表达个性的地方，你被个人财产所包围；然而，"……如果在某一时刻，你的身体因意外、疾病或衰老而发生变化，那么正常的房屋就会变得不像家，而更像障碍课程"。

住宅通用设计的思想产生于这样一种认识，即为残疾人改造或增加的某些功能对其他人是有用的。这一认识成为论证将普遍设计纳入住宅设计和实践的平台。

房地产经纪人认为，普遍设计的住宅是不适合销售的，这是因为特别针对居民个性化的污名化和定制，使得住宅对买方没有吸引力。

然而，如果通用的设计特性被正确地实现，人们可能会认为它们会被忽略，并且对所有的人都是有用的。"如果设计得很好，有一点额外的地板空间的浴室就会被认为是豪华的。"并且可以在辅助物的帮助下适应用户移动性，或者允许用户个性化地附加空间，那么该设计实现了通用设计的本质。另一个例子是使用杠杆式的手柄，而不是整个家庭的门把手，以便让所有人更容易地打开门。

② 家庭厨房通用设计。下一代通用家庭的厨房改造包括各种通用设计功能。该设计提供了一个连续可调升降的计数器表面，还包括水槽和炊具。该柜台附近将具有明显的地板空间，可以为椅子、轮椅、可移动的垃圾箱或橱柜提供空间。微波炉设置在与计数器相同高度的位置，在下面留出了膝盖的空间。传统的烤箱安装在较低的位置，一个机架与相邻的台面高度相同。洗碗机和冰箱从地板上抬了起来。门入口与外面平齐，靠近厨房。也许，整合到下一代厨房中的最有趣的通用设计理念被描述为一个存储系统，它的货架可以移动，延伸到阁楼或地下室，消除了上层橱柜存储的需要，所有的人都可以使用它。提议的厨房设计在外观上仍然是传统的，但提供了更多的机会供多个用户使用。

最后，理解通用设计是什么以及它对所有用户意味着什么，是通用设计成为现实的第一步。随着这个概念被更广泛地理解和接受，建筑技术将反映这些通用的设计元素和特性，使它们变得普遍，并很快成为新的范例。

③ 家电产品通用设计。洗衣机作为最常用的家电产品，有着广泛的使用群体，但传统的滚筒洗衣机不仅外形方方正正，而且多采用前开门或顶开门方式，这给不同身高的用户带来了许多不便，由于

耗费体力太大，对于高龄者和身体障碍者的使用就更为困难。让人意外的是，经过近 8 年的研发，松下公司成功推出了斜式滚筒洗衣机 NA—V80GD（图 5-1），并由此引发了洗衣机的一场革命性变革。

图 5-1 松下 NA—V80GD

松下斜式滚筒洗衣机 NA—V80GD 是引入通用设计理念的第一款具体产品，它的创新之处在于以下几点。

a. 轻松取放。它突破性地将水平放置的滚筒上扬了 30°，并将内部滚筒的中心水平轴也跟着倾斜了 30°。经过这样精心的设计，无论是大人、小孩还是老年人等有行动障碍者只需自然伸手，都能轻松、安全地使用它。倾斜的开门方式让高个子再也不用蹲着取放衣物，矮个子、孕妇和乘坐轮椅的残疾人等弱势群体用户也能很轻松地取放衣物，很人性化。其倾斜的大透明拉门，观察洗涤状态一目了然，洗完衣服后就不会出现遗漏洗涤物在桶内的情况了，且在洗涤过程中还能随时开门添加衣物，这是其他前开门滚筒洗衣机所做不到的（图 5-2）。

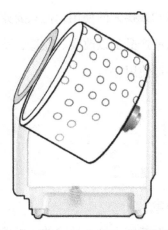

图5-2 松下 NA－V80GD 滚筒放置

b. 简易的操作面板。通用设计的理念同时还体现在其简易操作的面板上。斜式面板设计,让滚筒洗衣机可以以自然站立的姿势舒适操作。大大的开关门按钮,清晰易辨且方便操作,其他的操作按钮采用了自由选择式,用户可以根据自己的需要设定所需要的功能。不同的按钮通过颜色的变化来加以区分,避免出现误操作的情况(图5-3)。

图5-3 操作面板

c. 安全防护严谨。为防止儿童钻入桶内玩耍带来的意外伤害,洗衣机的拉门上还设计了儿童锁,当打开洗衣机电源后,启用儿童安全锁,洗衣机的机门即可锁定。此外,面板和机身都采用圆弧造型,没有任何尖锐的突起,防止对人造成刮伤或撞伤。松下斜式滚筒洗衣机 NA—V80GD 可借鉴之处在于对传统"横式"思维的大胆改变、提升和创新。通过这个案例可以知道,很多传统的家电产品也许并不适合儿童、孕妇、高龄者和残疾人的使用，但只要充分考虑他们的生理特征和行为状况，将这些产品加以改良、改造，不同层次的用户（包括残疾人）便可以公平地使用它们。

5.1.4 无障碍设计

（1）无障碍设计的概念

无障碍设计是指对特殊人群无危险的、可接近的产品和建筑设施设计。所谓障碍，是指各类行动不便的人的行为障碍，而无障碍是指消除或减弱这类行为障碍（非生理医疗性的）。

无障碍设计也称特殊设计（Specialized），主要考虑的对象是特殊人群，它把整个人群根据功能（残疾与否、残疾种类和残疾程度）分为不同群体。根据不同群体确定不同的设计准则和要求，然后设计出对应的专用产品或辅助装置或专用空间，也叫辅助用品设计（Assistive Technology Design）和无障碍环境设计（Accessible Design）。随着信息技术的发展，无障碍设计又引入了信息技术领域，产生了信息无障碍的概念，实际上就是无障碍的交互设计。

无障碍设计具有以下特征。

① 可操作性。产品或环境对使用者或潜在的使用者必须是可操作的。

② 安全性。产品或环境对使用者或潜在的使用者必须是能安全使用的。

③ 方便性。产品或环境对使用者或潜在的使用者必须是方便使用的。

无障碍设计强调在科学技术高度发展的现代社会，一切有关人类衣食住行的公共空间环境以及各类建筑设施、设备的规划设计，都必须充分考虑具有不同程度生理伤残缺陷者和正常活动能力衰退者（如残疾人、老年人）群众的需求，配备能够应答、满足这些需求的服务功能与装置，营造一个充满爱与关怀、切实保障人类安全、方便、舒适的现代生活环境。

无障碍设计首先是在都市建筑、交通、公共环境设施设备以及知识系统中得以体现，例如步行道上为盲人铺设的走道、触觉指示地图，为乘坐轮椅者专设卫生间、公用电话、兼有视听双重操作向导的银行自助取款机等，进而扩展到工作、生活、娱乐中使用的各种器具。二十余年来，这一设计主张从关爱人类弱势群体的视点出发，以更高层次的理想目标推动着设计的发展与进步，使人类创造的产品更趋于合理、亲切、人性化。

（2）残疾人的定义与分类

功能障碍。功能障碍是指人们在生理学或者解剖学及心理学方面的构造或者功能上有不同程度的丧失、欠缺或者不正常，在生活上丧失了基本活动能力。就身体功能障碍而言，现今各国的康复医疗对象一般仍以肢体功能障碍和一些内脏障碍为主。特别是肢体功能障碍，往往占身体障碍总数的 60% 左右。

能力障碍。由人的残疾产生的功能障碍，致使人们在正常范围内实现某种活动的能力受到某种程度的限制。例如，下肢残疾的人可以坐轮椅或使用步行辅助工具来移动，但如果遇到了台阶或楼梯，也就无能力进行上下移动，所以他还存在"移动能力不足"，这一自身能力有障碍的残疾者，即为能力障碍。

　　不利条件障碍。不利条件是指社会及居住环境上的障碍，如城市道路、交通和建筑物中的许多设施，对残疾人的通行与生活造成的不利因素和各种障碍。例如，坐轮椅的人无法上公交汽车、无法进入某些建筑物等。

　　从性质上说，功能障碍和能力障碍所造成的影响都局限在患者自身范围之内，主要依赖医学手段来加以解决，因而还是属于纯医学康复及训练范围的问题；而社会的不利条件所造成的影响则已超出患者的自身范围，不再是仅仅通过医学手段所能解决的，从而使残疾问题成为社会问题。一般来说，能力障碍和不利条件障碍主要取决于功能障碍和形态的异常性质和程度，但也受到众多客观因素的影响。

　　尽管存在着各种各样的伤残人士，但从产品和环境设计角度来分析，可以把他们粗略地分为以下四大类：信息获取、信息处理、信息输出和肢体功能。

　　视力功能障碍者实际上是一个连续的群体，从弱视者到只能感觉到光但看不见物体具体形状的群体，然后到连光都感觉不到的群体。然而，通常把视力功能障碍者分为两个群体：弱视者和盲人。在老年人中，视力功能障碍者的比例更高。盲人是指视力精度小于或等于20/200（即使经过矫正），或双眼视力范围均小于20°的人。视力功能障碍者很难或无法获取显示信息。此外，他们无法完成依靠视觉判断的操作（例如使用电脑鼠标），很难或无法完成书写和读取文本，还有许多操作无法完成。据美国一项调查，只有10%的盲人首选盲文获取信息，其余的则通过声音或使用浮刻字母来获取信息。即使经过矫正，视力有障碍者仍然会遇到许多问题，如视线模糊、图像失真、图形扭曲、无法看清太近或太远的事物、对光线强弱敏感等。

耳聋或听力障碍是最普遍的功能障碍之一。在中国大约有 2000 万人听力有障碍，其中 240 万人深度听力障碍。听力障碍程度的划分如下，只能听到 90dB 以上声音的人属于耳聋，只能听到 20～40dB 及以上声音的人属于轻度耳聋，中度耳聋的人只能听到 40～50dB 及以上的声音。听力有障碍者的比例随着年龄的增加而增加。65～74 岁的老年人中有 23% 听力有困难，75 岁以上老年人的比例则为 40%。

信息处理障碍主要是指认知能力障碍。认知能力有障碍者有很多种类型，如记忆迟缓、某种认知功能有障碍（如语言）等。轻度迟缓者的认知能力介于 4～7 级，能够从事技巧性不强的工作。中度迟缓者是能够康复的，可以过集体生活，从事特殊的受保护的工作。与衰老有关的认知能力障碍主要是阿尔茨海默病。阿尔茨海默病通常会引起智力减退、混淆记忆、丧失方向感和大脑功能的衰退。主要的认知能力障碍分类如下：记忆障碍，没有记忆力或记忆力很差；知觉障碍，无法或很难获取信息、集中注意力和区分不同的信息；解决问题能力障碍，无法或很难认识问题，无法或很难区别和选择解决方法以及预测后果；概念能力障碍，无法或很难进行概括、分类以及理解抽象概念和前因后果；语言能力障碍。不同的功能障碍可以采用不同的弥补方法。为了满足认知能力障碍者，在设计中通常使用简洁的显示、易懂的文字、显而易见的或有提示的先后关系。对声音语言理解有障碍者可以使用文字的信息或图像信息。对这类人群来说，在设计时可以采用简洁的文字、大字体、高对比度、带图像的标签和先进的显示器等。

语言能力障碍是对人机交互有一定影响的信息输出障碍。语言能力障碍者是指对口语或书面语的理解有困难的群体。像患诵读困难症者无法理解书面语；失语症则是认知能力障碍引起的，患者无法通过语言、文字或符号来交流；构音障碍症是由于舌头或其他发音组织损伤造成的，患者多数为口吃，甚至有的完全不能说话。语言能力障碍者通常无法使用需要语音信息交流的产品，设计者必须提供除了语音输入或输出的其他信息输入方法。需要肢体动作实现信息输出时，肢体残障也会影响信息的输出。

肢体功能障碍者在许多方面有着很大的不便，主要表现有瘫痪、肌肉力量不足、易疲劳、不便或无法行走、上肢无法握紧或抓取和皮肤无知觉等。此群体不能或不便使用多种工具，无法完成复杂动作，无法同时完成两个或两个以上的简单动作。手腕扭转动作对他们来说也很难完成。此外，肢体功能障碍者无法像普通人那样在操作时使尽全力。肌肉功能障碍者的手指灵活性很差，很多动作无法靠手指动作来完成（像用手指拧），只能靠手整体的动作来完成。

无须视觉的操作。能满足盲人的需要，同时也可满足眼睛必须关注其他目标（更为重要的目标）的人（如开车的人）和在黑暗中操作的人的需要；又如像计算机键盘中的"F"、"]"键上的小凸起，它原来的设计意图是使视力有障碍者能够准确定位键盘，但众所周知，它的设计给视力健全者也带来了极大的方便，因此很难说这种设计是属于通用设计还是属于无障碍设计。

只需低视力的操作。满足视力有障碍的人的需要，同时也满足了使用小显示设备的用户的需要和在模糊不清的环境中操作的用户的需要。

无须听力的操作。满足聋哑人的需要，同时也满足在非常吵闹的环境中的人的需要和耳朵正忙的人或在必须安静的环境中的人的需要。

只需一定听力的操作。满足听力有障碍的人的需要，同时也满足处在喧闹环境中的人的需要。

只需一定肢体灵活性的操作。满足肢体残疾的人的需要，同时满足穿着特殊服装（太空服或无菌服等）的人的需要和在振动的车厢中的人的需要。

只需一定的认知能力的操作。满足认知能力有障碍的人的需要，同时也满足心烦意乱时的人的需要和喝醉酒的人的需要。

无须阅读的操作。满足认知能力有障碍的人的需要，同时满足不识字或不识此种文字的人（如外国游客）的需要。

（3）无障碍设计案例——多功能护理床设计

为满足日常护理的需求，护理床应该具备必要的位姿调节功能，其可以实现各种姿势的自动变换，起到提高老人自理能力、降低长时间卧床导致的并发症的发生率和减轻护理人员的工作负担等作用。具体的动作包括起背、屈腿、翻身、床面的升降和前后倾斜等。

其中床面的升降是为了满足不同身材的使用者的需求，如方便老人的上下床、护理人员更换床上用品以及老人的转运等，前后倾斜功能则可以辅助老人控制体内血液流向以及满足使用者寻找舒适体位的需求。

设计中，将护理床系统在功能上分解为若干模块，通过模块的组合得到不同规格的产品，从而增强产品的可选择性，降低设计成本，缩短设计周期。

依照相关的行业标准对护理床进行设计，例如材料的选择、机械零部件的设计和选择、控制系统的设计以及有关零部件之间的相对位置关系等问题。这样既增加了零部件的互换性，又降低了成本。

在对多功能护理床进行机构选型以及结构设计的时候，必须要根据有关护理床规定，将该护理床的床体所占空间的大小规定在一定的空间范围内。这样不仅能够满足病人的舒适感，又能满足病房或家庭居室的空间限制要求。

多功能护理床从机械结构上可分为主体和附件两大部分，其中主体包括起背、屈腿和整体升降与倾斜三大功能模块，它是护理床承载的主体，也是完成各种功能动作的核心部分，而护理床的附件则包括护栏、床垫、餐桌和输液架等辅助设施，实现一些辅助功能。

护理床支撑框架设计成两部分，其中上部分为床架，起到支撑床板和安装起背、屈腿模块的作用；下部分为底架，起到安装脚轮和整体升降倾斜模块、支撑整个护理床的作用。床架尺寸小于床板尺寸，方便机构运动，将其设计成前后两部分，便于安装与拆卸。

如果说多功能护理床中的各个功能模块是护理床的"身体"，那么控制系统则是护理床的"大脑"，它是完成各个动作的核心，既需要对单独机构动作进行控制，又需要协调机构间的动作。控制系统体系结构一般分为集中式控制系统和分布式控制系统。集中式控制系统是由一片 CPU 完成数据的采集、人机界面的信息处理、算法、功能控制以及外部中断等所有功能，对于规模不大的系统常采用该系统。而分布式控制系统一般用来控制大型且较复杂的系统，是由一个主控制器和多个从控制器组成的，各控制器之间通过总线相连，其中主控制器向各从控制器发送指令。

本设计中控制系统的功能主要为对起背、屈腿、整体升降、整体倾斜以及背膝联动等动作的控制，其起背、屈腿和背膝的动作是通过对主动件直线推杆的控制完成的，而升降与整体倾斜动作的实现则是靠对液压缸行程的控制来实现的。

5.1.5 无障碍设计与通用设计

通用设计是在无障碍设计发展到一定程度、当人们发现无障碍设计的缺陷时提出的一种新的设计理念，是对无障碍设计的发展和完善，它包含了无障碍设计对弱势群体的关爱，同时弥补了无障碍设计将弱势群体与大众分离的不足。它们的理论基础都是人因工程学。通用设计与无障碍设计既有区别又有密切的联系，通用设计理论是在无障碍设计的基础上发展起来的，因此通用设计的历史包含了无障碍设计的发展过程。

在探讨无障碍设计时，不单是生理层面的无障碍，应包含心理层面无障碍的全人关怀设计，基于这种考虑，便产生了通用设计。通用设计把儿童、老年人、残疾人等弱势群体以及健全成年人作为一个整体来考虑，而不是分别作为独立的群体来考虑。无障碍设计的前提是弱势群体与健全人的区别，而通用设计恰恰相反，它是包容性设计（Inclusive Design），它要消除特殊人群和健全人在产品使用上的差异。通用设计既不是辅助用品设计也不是环境无障碍设计，而是既考虑消除环境障碍，为特殊群体提供进入或使用它的机会，同时要考虑为健全人带来方便。

实际上，无障碍设计和通用设计的界限并不明显，因为无论无障碍设计还是通用设计，在它们的设计原理中有共同的基础，即感觉器官互补原则。无障碍设计最初的设计目的虽然不是为健全人提供方便，但有时它的设计结果往往实现了这一点。事实上，通用设计使所有人都能受益，因为，有时环境给健全人造成的不便与功能障碍者的不便非常相似。

下面以 GE 真实生活设计厨房为例进行说明。

GE 真实生活设计厨房由 GE Appliances 赞助，由注册厨房设计师（CKD）Mary Jo Peterson 设计。它以非传统的方式使用标准的电器和橱柜。GE 真实生活设计厨房以创新的通用设计特色（innovative universal design features）设计而成，其主要目的是为所有人，包括儿童、老年人和残疾人，树立一个良好的厨房设计典范。Peterson 的设计意图是突出"……适应人的设计概念，而不是适应设计的人"。

厨房的用户包括一对 40 多岁的父母，一个身体健全的 17 岁的儿子，一个 72 岁的患有关节炎的祖母，她有时会使用助行器，且随着年龄的增长，她有听力、视力和记忆力衰退的风险，还有一个 7 岁的女儿，她的感官敏锐，注意力持续时间短。尽管用户配置中没有包括对轮椅使用者的住宿要求，但 GE 真实生活设计厨房仍提供了各种通用设计功能以及宽敞的走道和工作通道。

大量的设计细节使厨房适应了各种能力不同的用户。例如，GE 真实生活设计厨房包含三个柜台高度：适合坐着的用户使用的 30in（英寸，1in=2.54cm），传统的 36in，适合高个子的人使用的 45in。"厨房里有宽敞的空地，提供了足够的空间来操纵轮椅，帮助其他人，或者只是和其他人一起工作。"一些基本的橱柜和电器已经从地面上提高了 9in，以改善轮椅和步行通道（图 5-4）。

冰箱 / 冷冻室是并排放置的，其空地面积超过了 ANSI 117.1 要求的 30in × 48in。

图 5-4　GE 真实生活设计厨房

采用了两个不同的微波炉来辅助烹饪和准备食物。微波炉有一个侧合页门，位于屋角，当微波炉的底部铰链门打开时，它底下的可移动桌子距地面 29.5in。

烤箱有适用于轮椅上的人的触控面板，烤箱旁的空地面积也超过了 ANSI 117.1 的要求。

两个水槽在空间内创建了两个不同的工作三角形，底部有空地。其柜台是电动的，允许在 32in 和 42in AFF 高度之间进行调节。辅助水槽具有一个开阔的膝部空间和一个自过滤饮水机。水槽左侧的额外柜台空间提供了 24in×24in 的台面，用于准备食物。

玻璃制成的光滑炉顶易于触摸控制，并设有一个安全指示器以确保机组冷却前的安全性。灶台下方的门是铰链式的，可以折叠至两侧，在灶台下方有一个空余的膝部空间（27.25in 宽，11.5in 深，29.125in 高）。灶台还具有一个电动下吸式通风系统，通过触摸位于柜体框架前部的一个按钮来调节，当柜门打开时就会显现出。

GE 真实生活设计厨房有许多不同的橱柜配件功能，只有打开橱柜才能发现这些奥妙：可拉出的食品柜，它向前移动，占用了最小的橱柜存储空间，并且两侧都是打开的，以便于拿取调味品；三个抽屉柜加大了存储量，尤其是对那些大型炊具和器具的存储；拉出的抽屉也十分方便检索，整个厨房设计中都放置了可滚出的托盘。

除了上述特征，GE 真实生活设计厨房，还有许多其他结合了良好的通用设计实践的、难以察觉的细节。工作台面是浅奶油色的，并且是凸起的，与之形成鲜明对比的深蓝色嵌入物可以控制溢出物，并为视力有障碍的人提供视觉和触觉上的暗示。厨房还采用了开放式搁架和碗碟架，以及带有防碎玻璃的橱柜，这使得视野清晰，不需要用户记住物品的存放位置。"这个厨房囊括了各类使用者，包括身体健全的成年人、老年人、轮椅或助行器使用者、儿童和高个子人士。"

5.2
设计与交互界面

5.2.1 软件交互

（1）用户界面的概念

用户界面（User Interface，简称 UI，亦称使用者界面）是系统和用户之间进行交互和信息交换的媒介，它实现信息的内部形式与人类可以接受形式之间的转换。用户界面是指对软件的人机交互、操作逻辑、界面美观的整体设计。不适当的排版布局会使用户困扰，不符合用户界面设计规范的会造成误操作等行为。用户界面对用户和硬件设备进行了交互，让人们对软件所给予的功能进行了引导式的应用。用户界面是在表现层所展示给用户的结果，在表现层的下面即是框架层的思维逻辑整理，是其外观表现。通过界面上一些元素的层层引导，最终完成使用者想要实现的目的。UI 是使用者在硬件和软件之间实现有效的双向交互的通道和基础。用户界面包含了很多的接口，如控件接口、图标接口、色彩语义、排版语义等不同的接口。

用户界面主要是人机交互的平台，这个平台可以让人们更高效、更便捷地完成操作者想要达成的目的。就像是人类肢体的延伸，我们可以在任何有网络的地方完成自己的目标。当然数据可视化页面存在一定的特殊性，对于表单或者图表来说，其在设计方面都有一些有经验的工作者进行的总结，对于可视化页面的设计规范，其实需要一些更合理的建议。现在数据大屏很常见，在大屏上显示一些数据可以使趋势、对比、增长都更清晰，当然这是在数据量并没有造成严重的认知负荷的情况下。数据可视化是展现大量信息的一种渠道，通过表单和图表使信息在移动终端上更易被读取。用户界面依附于终端设备而产生，当然数据可视化的界面将会受到终端设备的限制，例如，屏幕大小的限制致使数据在可被操作的情况下最多可放 8 列。因为在 750px × 1334px 的 2 倍屏上，其最小点触面积为 88px × 88px，这是 iOS 的设计规范之一。目前对于多行表格的处理是仿照 Excel 的样式，对首列或是左侧多列进行冻结处理，滑动多余列以期展示更多的内容。

（2）用户界面的设计原则

① 了解使用用户。用户是最终评判用户界面好坏的人，所以用户即是终极目标，不了解用户需求，即使界面做得再好，也不是用户想要的产品。沉下心来仔细观察用户的喜好，了解他们的技能水平和

体验，并观察他们在界面中如何操作。不要迷恋于追逐设计趋势的更新，或是不断添加新的功能。始终记住，首要的任务是关注用户，这样才能创造出一个能让用户达成目标的界面。

② 重视 UI 模型。在软件中，用户的大部分时间都消耗在界面操作中（数据录入、数据修改、数据查阅等），这点与以浏览为主的网站类页面的用户操作完全不同。我们无需画蛇添足，用户希望在新创造的界面中看到那些已有的、相似功能的或遵循基本操作方式的软件界面。所以利用已成惯例的 UI 模型，将使用户产生亲切感。

③ 保持一致。用户需要知道一旦他们学会做某项操作，那么下次也同样可行。语言、布局和设计是需要保持一致性的几个界面元素。一致性的界面可以让用户对于如何操作有更好的理解，从而提升效率。

④ 清晰的视觉层次。设计时，要让用户把注意力放在最重要的地方。每一个元素的尺寸、颜色和位置，为理解界面共同指明了道路。清晰的层级关系将对降低外观的复杂性起到重要作用（甚至行为本身也同样复杂的时候）。

⑤ 提供反馈。界面要始终保持和用户的沟通，不管他们的行为对错与否。随时提示用户的行为：状态更改、出现错误或者异常信息。视觉提示或是简单文字提醒都能告诉用户，他们的行为是否能够达到预期的结果。

⑥ 容错机制。无论设计多么清晰明了，用户都会犯错。界面应当允许并要为用户提供可以撤销行为的方式，并且对五花八门的输入数据尽量宽容（没人愿意只是因为填错了生日的格式而重头再

来）。同样，如果用户的行为引起了一个错误，在恰当的时机运用信息显示什么行为是错误的，并确保用户明白如何防止这种错误的再次发生。

⑦ 鼓励用户。一旦用户完成了关键操作，要及时告知用户（弹出对话框等）。值得注意的是，把一个复杂的流程任务分解为若干简单步骤将会更显繁复和让人精力分散。所以无论正在执行的任务有多么复杂和漫长，在界面上要保持流程的不间断性。

⑧ 语言有亲和力。所有的界面或多或少都有文字在其上，让文稿尽量口语化，而不是华美辞藻的堆砌。为行为提供清晰、简明的标签，保持简朴的文字叙述。用户对此将会很赞赏，因为他们不再是听命于他人的官腔——他们听到的是如朋友般甚至自己说话的表述方式。

⑨ 保持简洁。最好的用户界面就是没有界面。优秀的软件界面中，看不到华而不实的 UI 修饰，更看不到那些用不到的设计元素。所以当想着是否要在界面上加一个新功能或是新元素的时候，再思考一下：用户或者界面中真的需要这些么？为什么用户想要在这里出现这个小巧的动态图标？是否只是因为出于自我喜好和页面的漂亮而去添加这些元素？优秀的 UI 工程师做出来的软件界面不会十分华丽，界面中没有任何分散用户注意力，打搅用户操作的元素。甚至应该达到在用户使用系统的时候，完全注意不到页面和操作复杂的问题，一切都应该是顺理成章的。

（3）软件交互的系统分类

① 移动端用户界面交互方式。移动端产品特有的交互手势有点

按、长按、双击、拖拽、轻拂、捏、分开。点按是用手指点击屏幕，可选对象；长按是指手指按住屏幕上 2s 不放，可以调出对象的其他属性；双击即连续点击两次，可被用来进行点赞操作；轻拂就是轻滑，其带有方向性，最常见的是向上滑动和向下滑动；捏和分开一般用来对屏幕中对象进行缩放，有时用来调出主程序以外的其他程序（图 5-5）。

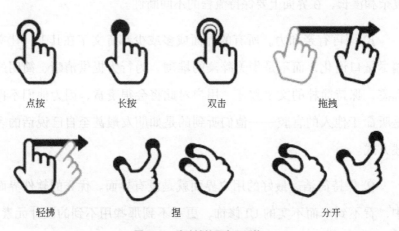

| 点按 | 长按 | 双击 | 拖拽 |

| 轻拂 | 捏 | 分开 |

图 5-5　移动端使用交互手势

这些都是在手机终端操作的比较常见的一些交互动作。在这些交互动作中，用户可以被指引，更轻易去完成其所要达到的目的。当然对于图表来说，其间也会有很多障碍，在开发过程中，如果表格向右滑动，可能会造成表格上下的错位等问题，产生视觉误差。移动终端的交互在变化，在占用运行内存小的情况下，展示大量数据将不考虑交互的问题。当然，使用熟悉的交互动作，可以减少交互认知资源的投入。

②iPhone 交互方式（表 5-1、表 5-2）。

表5-1 iPhone 手势交互方式

示意	行为	具体动作
·	轻点	用单指轻触屏幕
◉	按压	支持三维触控的机型，用单指用力按压屏幕 不支持三维触控的机型，触碰并按住
↑	轻扫	单指快速移过屏幕
↕	滚动	单指移过屏幕而不抬起
⤢	缩放	指靠近放在屏幕上。分开双指即可放大，合拢双指即可缩小 轻点两下照片或网页以将其放大，再次轻点两下以缩小 在"地图"中，轻点两下并按住，然后向上拖移来放大，或向下拖移来缩小

表5-2 iPhone 屏幕交互方式

示意	行为	具体动作
	前往主屏幕	从屏幕底部边缘向上轻扫即可返回主屏幕
	快速访问控制	按压（或触碰并按住）控制即可显示更多选项
	打开应用切换器	从底部边缘向上轻扫并在屏幕中间停顿一下，然后从屏幕上抬起手指。向右轻扫，浏览打开的应用，轻点要使用的应用
	在打开的应用之间切换	沿屏幕底部边缘左右轻扫以快速切换打开的应用
	询问 Siri	按住侧边按钮并提出请求
	使用 Apple Pay	连按两次侧边按钮以显示默认信用卡

续表

示意	行为	具体动作
	使用"辅助功能快捷键"	连按三次侧边按钮
	拍摄屏幕快照	同时按住侧边按钮和调高音量按钮,然后快速松开
	使用 SOS 紧急联络	同时按住侧边按钮及任一音量按钮直到滑块出现,然后拖移"SOS 紧急联络"
	使用 SOS 紧急联络(在印度)	连按三次侧边按钮
	关机	同时按住侧边按钮及任一音量按钮直到滑块出现
	强制重新启动	按下调高音量按钮并松开,按下调低音量按钮并松开,然后按住侧边按钮直到 Apple 标志出现

③ 移动端用户界面与桌面端用户界面区别。

a. 屏幕尺寸。电脑显示器的屏幕尺寸一般为 19～24in,手机屏幕尺寸一般为 4～6in。尺寸不同的背后就是,2 种设计的设计显示区域也不同。所以电脑上的 UI 设计,首页要多放一些内容,尽量减少层级的表现。而手机上的 UI 设计,因为屏幕显示尺寸有限,所以不能放那么多内容,可以多加层级。像电脑版的淘宝,一进入内容非常的多,包括了主题市场分类的显示,广告页的展示,个人中心的展示等。而手机版的淘宝,层级较多,有五个大的展级,其中主屏上又有十个小的层级,一层连一层,展示区域相对较少,没有主题市场分类的直接展示，必须通过层级进入二级页面才能看到。

b. 操作方式。桌面端一般以鼠标和键盘为媒介，拥有灵活的交互形式。PC 端的功能往往比较复杂，用户需要操作鼠标来完成各种操作。鼠标精确度非常高，手的精确度相对较低，所以电脑上的图标一般会小一些，手机上的会大一些，但可以配合手势使用。

移动端可以直接用手指触控屏幕，除了最通用的点击操作之外，还支持滑动、捏合等各种复杂的手势。因而移动端产品对于初学者的学习、获知成本相对高。针对这类问题，一些 APP 常需要通过新手引导的方式来教用户如何使用。而相对移动端手势操作，PC 端鼠标的学习成本比较低。

c. 使用场景。使用桌面端产品通常坐在某个室内，使用时间相对较长，用户更为专注。

移动端可能是长时间在室内使用，也可能是利用碎片化的时间使用，或站或坐或躺或行走，姿势不一。用户很容易被周边环境影响，对界面上展示的内容可能没那么容易留意到。用户在移动过程中更容易误操作，需要考虑如何防止误操作、如何从错误中恢复。

d. 用户习惯。电脑可以实现单击、双击、按住、移入、移出、右击、滚轮等操作。手机只能实现点击、按住和滑动等操作。所以电脑上可以展现的 UI 交互操作习惯可以更多，功能也就更强。手机弱化了很多。像手机版的腾讯视频，在屏左边上下滑动可以调亮度，右边上下滑动可以调声音，最下面左右滑动可以调视频的进度，双击可以暂停，其他的就是要通过图标点击才能生效。而电脑版的，就可以双击、右击、单击、滚轮多点操作了。

e. 网络环境。桌面端产品网络相对稳定，基本无需担心流量问题。

移动端产品因用户使用环境复杂，可能在移动过程中从通畅环境到封闭的信号较差的环境，网络可能从有到无、从快到慢；既可使用无需担心流量的 WiFi，也可能使用需要控制流量的 4G/5G。

移动设备网络异常的情况更普遍，需要更加重视这类场景下的错误提示，以及如何从错误中恢复的方法。

5.2.2 硬件交互

（1）硬件交互概念

人机交互（Human Computer Interaction，HCI）是一门研究系统与用户之间的交互关系的学问。系统可以是各种各样的机器，也可以是计算机化的系统和软件。人机交互界面通常是指用户可见的部分。用户通过人机交互界面与系统交流，并进行操作。

人机交互的发展是从人类适应计算机到计算机不断适应人类的过程，划分为四个阶段：代码指令交互、图形用户界面交互、人机自然交互和人机情感交互。

在人机交互过程中人是必不可少的，也就是不能缺少使用者。人的要素这方面主要是用户操作模型，与用户的各种特征、喜好等有关。任务将用户和计算机的各种行为有机地结合起来。

人机交互过程中交互设备也是不能缺少的，例如，图形、图像输入输出设备，声音、姿势、触觉设备，三维交互设备等，而且这些交互设备也在不断完善中，使得在交互过程中达到最佳的状态和效果。

（2）硬件交互产品的系统分类

① 声波交互。声音交互设计是一种和声音相关的研究和设计过程。在该过程中，声音被看作传递信息、含义及交互内容的美学与情感品质的重要渠道之一。声音交互设计是交互设计、声音音乐处理的交叉学科。如果将交互设计看作设计人们通过计算的手段打交道的对象，那么在语音交互设计中，声音既可以作为过程的展示，又可以作为输入的中介，来达到调节交互的目的。

在此类交互中，用户操控一个发出声音的界面，声音的反馈亦影响使用者的操控，在听者的直觉和行动间有紧密的联结关系。听声音不但可能激发一个对声音怎么产生的心理符号，也可能会让听者为对声音做出反应做准备。声音的认知符号可能和行动计划模式相联系，声音也能为听者提供进一步反应的线索。

语音交互具有影响用户情感的潜质：声音品质影响用户的交互是否愉快，操作的困难程度亦影响用户的操控感。

避免单调乏味，做到像人说话一样的自然，语气上听起来积极主动，有意愿的感觉，每一个音素合成的词句清晰可辨，自然流畅。人类语音的信息含有语音声学特征和文本语义，语音声学特征主要是韵律特征（指音素组合成语句的方式），包括声调、重音、停顿、语速等，汉语是一种有调语言，声调携带非常重要的情感信息。语音属于自然交互的一种，它需要达到自然的感觉，才能让用户感知可用。

一旦人设的声音已根植在用户的耳朵里，不宜随意更改。如果说手机界面换背景图就像人换一身新衣裳，而以语音交互为核心功能的智能产品更换人声，就像重新认识一位陌生人。古语说"如闻其声，如见其人"，人们会很自然地把声音与某个人进行关联，新的声音是谁，就会重新进行人物建模。

首先是对话流畅，做到及时反馈，如有停顿，不宜过长。对话简短而有效，不要主动终止对话，尽可能地推动持续交流。当然不能以命令的形式让用户去完成某个任务，这不是一个合适的对话，它或许有点像上下级的关系，会导致用户反感和带来抵制。

案例——HomePod 智能音箱。智能音箱作为语音交互未来发展趋势，物联网的产品概念使得此类产品相对于传统的音箱行业更能够打造一个舒适自然的未来感家居体验。现代家居中，智能音箱不再仅仅是发声的终端，更是智能家居系统枢纽，通过多重 APP 的第三方服务，可通过语音控制 HomePod，控制 Apple HomeKit 系统，让其进行其他家具产品的智能操作。

苹果 HomePod 同多数智能音箱一样，通过语音的交互达到智能家居互联的功能，并且其自身具有声学自适应的专利技术，使硬件发挥更大功效，直接通过语音唤醒，使用语音进行交互；通过短触和长按手势，实现功能。

② 体感交互。体感交互作为新式的、富于行为能力的交互方式，正在转变人们对传统产品设计的认识，探究新型的行为方式。有别于主流按键（鼠标、手柄、遥控器等）、触摸（触摸板、智能手机等）交互方式，体感交互是一种直接利用躯体动作、声音、眼球转动等方式与周边的装置或环境进行互动的交互方式。

体感交互具有革命性的特点和不可替代性。体感技术让人能够自然地与周边的装置或环境进行互动，这点确实要比按键交互和触摸交互显得更加有优势一些。但是其特点并不是为了替代前两者而存在的。

能够更容易被人们使用、接受并掌握，这样才有利于它的普及。这就对体感交互技术提出了更高的要求，对其准确性、智能性要求更高，用户是不会为技术的瑕疵和不足买单的。

低成本才能让该项技术嵌入到各种设备中，让人随处可用。所谓交互方式，更多的人用起来，才能体现其价值，有足够多的人使用，才能完成所谓的革命。

案例——Sony Xperia Touch。智能手机的使用率过高，从而形成"低头族"的理念，基于此类现象，Sony 推出"look up"概念并运用于智能耳机上，不需要频繁低头看手机，通过语音和手势来操控手机。此概念还运用于 Xperia Touch 上，旨在成为家庭成员之间增加沟通交流的新方式。

Xperia Touch 同时吸纳了投影仪的"大屏幕显示"与触控设备的"互动性"两个特点，内置电源的便携性使其可在家中任何地方使用。

Xperia Touch 投射于桌面时，支持 10 点的手势操作，轻松控制 Android 系统和应用，实现多人互动目标的基础。

将 Xperia Touch 画面投射在墙上，除了直接在墙上进行触控操作之外，还可以在稍远处用手势进行控制。当设备识别到手型后，会在画面中显示一个光标，可用于移动、目标选择等（表 5-3）。

表 5-3 Xperia Touch 交互方式

姿势	具体操作
光标移动	手掌正对前方握拳后伸出食指，然后可以移动手
点击	向前弯下食指，并立即恢复
长按	向前弯下食指并保持
拖拽	向前弯下食指并保持，然后移动手
静音	伸出食指并放到嘴的正前方

案例——Switch 游戏配件。Switch 的 Joy-Con 摇杆具备陀螺仪和加速计，以及 HD 振动。通过前者检测玩家的动作，通过后者给予玩家反馈。

这两种传感器在小到手机大到飞机轮船的各种与位置相关的系统中都有广泛的应用，比如手机中"抬起唤醒"功能就是很典型的一例。而巧妙的振动感给人的反馈也已经应用在 iPhone7 的 Home 键上，在 Switch 的游戏过程中，HD 振动可以精确地感知到振动的细微变化（图 5-6）。

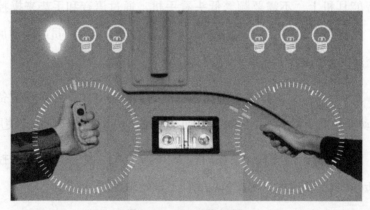

图 5-6　switch 游戏配件

Nintendo Labo 作为 Switch 主机特有的全新交互游戏配件，玩家通过现成的手工配件搭建出纸盒模型进行游戏，这样 Switch 便被赋予了新的模式和新的形态。

③ 多屏交互。同样在某些游戏中，Switch 具有多屏交互的功能，多屏交互所指的装置位于每一块独立的屏幕之中，而当两个或以上的屏幕相互触碰，信息就会在它们之间传递，创造出新的游戏体验（图 5-7）。

图 5-7 《马里奥派对》双屏交互模式

④ 脑神经交互。大脑释放脑电信号。大脑在进行思维活动、产生意识或受到外界的刺激时，伴随其神经系统运行的会有一系列脑电活动，从而产生脑电信号。脑机接口工作的第一步就是大脑产生脑电信号。脑机接口采集脑电信号，即脑机接口采集大脑皮层神经系统活动所产生的脑电信号。

脑电信号转化为电子设备可识别的信号。脑机接口采集到脑电信号后，经过放大、滤波等方法，将其转化为可以被计算机等电子设备识别的信号。将信号转化为具体操作。在电子设备识别出人的真实意图后，进而转化为相应的操作动作。随着脑机接口技术的不断完善，它可以服务于医疗领域，包括"渐冻人"、严重瘫痪等疾病的患者都可能从中受益。脑机接口技术可以帮助这些患者恢复功能性运动，获得较高的生活质量。脑机接口还可能提升人们的教育、健康、娱乐等生活标准。在日常生活中，脑机接口技术在游戏娱乐、智能家居、实时监控等方面都有着很大的应用空间。在未来交通领域中，脑机接口可以帮助无人驾驶等技术得以实现。通过远程发送脑电信号来驾驶汽车、飞机、火车等交通工具，不但可以准确无误地驾驶、飞行，还可以避免交通事故的发生。

　　案例——Necomimi 玩具。Necomimi 猫耳朵是日本 Neurowear 公司开发的一款很可爱、很特别的意念控制的脑电波猫耳朵玩具，采用的是 NeuroSky（神念科技）脑电波技术开发出来的，可以体现出穿戴者的心情（图 5-8、图 5-9）。

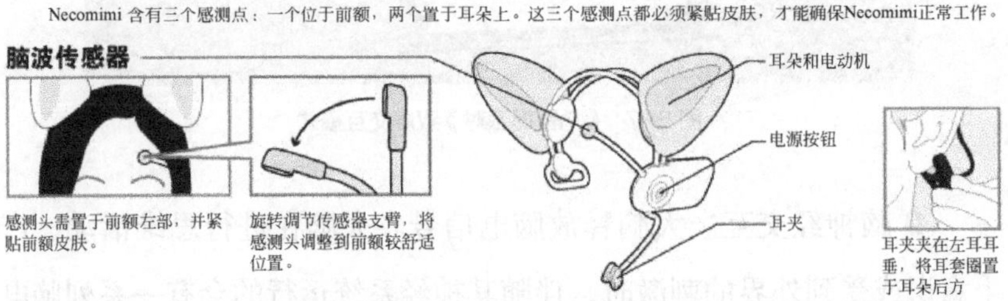

图 5-8　脑波传感监测点

图 5-9　脑波传感标识

　　猫耳朵像个发箍一样，只要戴在头顶上，头上的脑电波传感器就会探测并自动分析观察到的脑电波，随着人类情绪起伏，做出相对应的表示性动作。例如，佩戴者心情悲伤时，猫耳朵会垂下；集中注意力时，则会竖起来；心情愉快时，猫耳朵会来回摆动；身心疲倦时，它也会平躺着。所以只要戴上它后，不需要开口说话，就可以让脑电波猫耳朵随你的心情让它竖起或垂下。

　　Necomimi 采用的是 NeuroSky 世界领先的脑电采集及分析技术，

通过干电极采集人脑前额脑电数据（此位置脑电反映的是人的认知领域），所有数据由芯片进行处理，芯片内集成情感运算库，能够分析出人的注意力和放松度并量化为 0～100 的数值，电脑接收这些数据后，作为对玩具或其他外界互动产品的操作指令使用。因此，脑电波猫耳朵上的传感器在探测到人的具体脑电波后会做出相应的反应，或耷拉或直立。

5.2.3 虚拟现实交互

（1）虚拟现实技术的概念

虚拟现实技术的发展与相关科学技术的进步密不可分，尤其是计算机图形技术。20 世纪 80 年代，虚拟现实（Virtual Reality）这一名词最早被美国 VPL 公司创始人之一拉尼尔正式提出，也被称为"灵境"或"人工环境"。其概念是"通过计算机建模技术把真实世界的一部分以模型构建的方式表达出来，并通过仿真技术为模型赋予与真实世界相似的外观和触感"。利用各种传感器设备，用户"沉浸"在构建的虚拟环境中以达到其特殊的需求或者目的。虚拟环境不应该是静止的模型，它应当伴随时间、活动的变化等发生改变。虚拟现实是借助于计算机技术创建能够提供用户体验的虚拟世界。用户在虚拟世界中通过视觉、触觉、听觉等肢体感知进行信息交流和交互反馈。虚拟现实技术是多项技术的综合应用，它涉及计算机图形模拟技术、视觉仿真技术、触觉模拟技术、传感器模拟技术、听觉模拟技术等。虚拟现实技术的发展从根本上打破了原本人与计算机之间进行交互的形式。

（2）虚拟现实技术的发展

虚拟现实技术的发展大致经历了 4 个阶段。1963 年以前是 VR 技术概念产生的孕育时期。在这一阶段诞生过仿真模拟的工具，特别是交通工具类的模拟器。1929 年，Link E.A 发明一种飞行模拟器，这是第一次人类通过模拟器装置得到飞行的感受。之后，相继诞生过"摩托车仿真器"等模拟器。1956 年伊凡·苏泽兰发表了一篇短文 *The ultimate display*，他从计算机模拟显示和人机交互的角度提出了通过计算机模拟仿真的形式构建出现实世界的仿真模型。并且构想了用户在这个模拟的仿真世界中如何与仿真环境进行交互以及用户如何实现操作并得到相应的交互反馈。

虚拟现实技术发展的第二阶段是 1963—1972 年，这段时间内大量的科研人员和技术人员投身于头盔式的虚拟现实装备研究，并将现实世界中的力觉、触觉等感知方式融入虚拟现实中。1973—1989 年是虚拟现实技术得到有效发展的第 3 个阶段，虚拟现实的新构思在这一阶段得到最大化的发展。进入 20 世纪 80 年代，全球计算机仿真模拟技术和互联网技术得到快速的发展，这为虚拟现实技术提供了坚实的技术保障。在此条件下，出现了几款经典的虚拟现实系统。1983 年美国提出并实施 SIMNET 计划。1984 年 McGreevy M. 和 Humphries J. 开发了虚拟环境视觉显示器。此外还有 VideoPace、View 等。当下，虚拟现实技术已被广泛应用于各个行业，并且走进了普通家庭中。用户利用虚拟现实技术进行工作、教学、娱乐等活动。VR 和 AR 技术的成熟和完善，必然掀起新的人机交互热。

（3）虚拟现实技术的特征

从本质上说，虚拟现实是一种通过计算机仿真模拟功能，创建出类似于真实世界的，可以提供给用户体验的虚拟系统。1993年出版的《虚拟现实系统及其应用》一书明确指出虚拟现实技术具有沉浸感（Immersion）、交互性（Interaction）和构想性（Imagination）三个最突出的特征。

沉浸感（Immersion），是指用户主观感知自己已经成为虚拟世界中的主角，对模拟环境中的真实程度表示认可，即让用户感知真实存在于构建的虚拟环境中，成为其中的一部分。用户由本来的旁观者变为当局者。"沉浸感"一直被大型VR设备公司作为判断虚拟现实系统性能是否优越的指标。虚拟环境系统追求的目标是希望拥有和真实世界一样的感知方式，例如：视觉信息感知，听觉信息感知，触觉信息感知，味、嗅觉信息感知，等等，使用户完全沉浸在虚拟世界中，并认为虚拟世界是存在的。

交互性（Interaction），是指用户在各种类型的交互设备的支持下，如VR头盔、控制手柄、体感检测设备、空间操作设备等，能够轻松、自然地与虚拟现实世界环境中的其他对象进行交流和反馈。并且能够像现实世界一样得到操作的实时交互。VR网球游戏就是典型的案例，用户佩戴的显示设备将立体图像展现在用户的视景中，通过网球拍模拟器进行网球运动。根据运动的情况进行实时反馈，不断更新运动场景给用户。

构想性（Imagination）强调虚拟现实技术不应该受到目前现实世界的约束，而应该更具有未来感。例如：目前普通用户无法接触的星河、太空等，就可以利用虚拟现实技术进行构建。虚拟现实技术既要依托于现实，也要超出现实。在依据当前技术的同时拓宽了人类对于未来的认知，构建出暂时不存在的情境。

总而言之，虚拟现实技术具有的特征属性是使用户能够沉浸其中，为用户构建了目前无法在真实世界体验的场景，并能产生身临其境的交互感受。

（4）虚拟现实的系统分类

① 桌面式。较为低端的虚拟现实系统，对设备的性能要求也是最低的。个人用户使用普通的计算机系统就可以构建虚拟现实环境。构建出的虚拟现实环境直接投影至墙壁或者呈现在显示器上。由于不规避真实世界，虚拟场景受到真实环境的严重干扰。但是其具有设备廉价、体积小的优点，非常适合应用于教学、展示等。

② 增强式。在用户能观察真实世界的同时，辅助虚拟事物的叠加，从而达到一种新事物的展示。增强式虚拟现实系统利用 3D 头盔设备把计算机仿真构建的模型与当前正在观察的真实场景进行叠加，视觉上达到现实场景效果的完善和提升。该种类型的虚拟现实系统主要应用于古文物的复原、军事领域等。增强式虚拟现实系统需要将头盔显示器中的图像与现实环境进行高精度的校准，技术要求高。

③ 沉浸式。通过高性能的计算机或者工作站，构建复杂的虚拟现实环境，并利用 3D 头盔显示器、多面投影墙等方式将用户完全包裹于虚拟环境中，使得用户完全沉浸在虚拟世界中。用户可以利用 3D 交互设备（例如：3D 数据手套、肢体感知设备、三维鼠标等）在虚拟环境中进行多种多样的操作。沉浸式虚拟现实系统逼真程度最佳。沉浸式虚拟现实系统将用户完全包裹于虚拟环境中，从而达到最真实的仿真效果。

④ 网络分布式。其核心技术仍旧是目前的虚拟现实系统，并结

合了互联网技术和信息技术。通过网络构建复杂虚拟场景的衔接，用户可以不受空间位置约束，自如地进行虚拟场景中的协同工作。例如：在一些工业产品制造加工过程中，需要多个部门的员工进行协作。受限于地理位置，多个工作人员并不能同时共享信息，并进行操作。分布式虚拟现实系统可以在互联网技术的支持下实现跨地域的员工协同工作。目前主要运用的场景有：虚拟教育培训、远程协作、虚拟 3D 游戏等。

（5）虚拟现实中的人机交互技术

虚拟现实环境中的人机交互目标是希望虚拟场景为用户提供身临其境的观察的同时，能够提供更为真实的环境对话和信息交流。目前主流的虚拟场景的交互形式有三维交互、手持移动设备交互、体感 / 姿势交互、语言交互、触觉交互、多通道交互等。

① 三维交互技术。三维交互技术是较为基础的虚拟现实交互方式之一。三维空间中操作方式的自由度高，操作任务复杂，整体界面范围宽阔，更加逼近于真实世界。因此，需要对现实世界存在的机制和原理进行抽象模拟，并运用于虚拟环境交互过程中。利用三维交互技术以实现输入设备的传递的信息映射到虚拟空间中，完成特定的交互任务。

② 手持移动设备交互。随着移动电子信息技术的不断进步，手持移动设备得到了快速的发展，智能手机就是最典型的例子。智能手机与传统的通信手机相比，集成了更多功能类型的传感设备，例如：定位系统、画面捕捉、语音存储发送、加速度计等，使得设备对于环境信息和用户信息有了更为强大的感知和捕捉能力。因此，手持

移动设备交互是虚拟现实系统中较为常见的交互方式之一。而手持移动设备交互的核心问题是解决不同三维情境下手持设备形态的设计问题。

③ 体感/姿势交互。在虚拟场景中，用户的肢体动作可以作为交互信息的输入方式之一。利用身体追踪器或者视觉信息捕捉设备，追踪用户某些特定的身体部位，例如：四肢、头部、眼睛等，从而作为虚拟场景中的输入信息。这也是目前虚拟现实中最主要的交互方式之一。

④ 语言交互技术。现实环境中的语言交流是最直接、最自然的交互方式之一。同样，虚拟现实环境中语音输入也应该是最自然的交互方式之一。语音输入是用户通过发出语音命令和系统进行"对话"，从而实现系统完成某些特定的任务或者功能。语音输入将语言内容转化成操作指令。其主要有 3 种方式：单一字符串的语音识别、非识别语音输入和完整单词语音识别。此外，在一些无法使用双手操作的情况下，语音交互方式更具有应用价值。

⑤ 触觉交互技术。触觉交互技术的目的更在于提供给用户更为真实的沉浸感。传统的视觉、听觉、手控等仅能实现任务操作，而触觉能带给用户更为真实的体验。触觉交互也可以作为输入和输出的方式。作为输入设备，它可用于更为精准地捕捉用户与环境交互过程中的动作信息。作为输出设备，它可以给用户带来更真实的体验。触觉交互技术也是未来虚拟现实环境中人机交互重点研究方向之一。

⑥ 多通道交互。多通道交互技术是旨在融合多种输入通道的协作方式。多通道的融合使虚拟现实中的交互更加真实、自然。多通道

交互方式弥补了单一交互方式的缺漏和不足，极大地提升了虚拟现实系统的综合性能，是未来提升虚拟现实环境体验性的关键。

（6）虚拟现实交互案例

虚拟现实技术具有很强的现实应用价值，各个行业利用 VR 技术带来了更为逼真、仿真模拟的体验感受。

如何提高读者的参与度一直是出版商追求的目标，虚拟现实技术的到来给出版商带来了新的机会。《纽约时报》结合现有的虚拟现实技术，制作了 VR 短片 *Project Syria*。通过 VR 技术可以实时实地观看报道内容，让用户真正体会到身临其境的感受。在短片中，观众可以切身地体会战争中难民的生活，甚至从他们的表情中看到他们内心世界。

虚拟现实技术受到教育培训行业的广泛推崇。利用虚拟现实技术真正实现了跨地域的仿真教学环境，打破了时间和地点的限制。此外，虚拟现实技术以其独特的趣味性可以更高效地调动学生学习积极性、激发探究知识的欲望。培训行业比普通教育具有更强的技术性要求，采用虚拟现实技术，会有效降低人力、物力和其他教育资源的占用程度，而且巧妙地解决了实训场所、实习基地不足的问题。学生有了充足的机会去动手操作，帮助学生对知识形成更为直观的感性认识。

据相关预测，到 2025 年，虚拟现实技术和增强现实技术会在医疗市场上得到充分的利用，市场价值甚至会超过 25 亿美元。医疗行业利用 VR 技术可以实现很多在现实中无法做到的治疗培训。利用 VR 技术，医生可以实现跨地域的康复训练指导，其效果会比现实指导有较大改善。其次，利用 VR 技术构建相应的环境可以治疗一些特殊的疾病，例如社交恐惧症、抑郁症等。此外，利用 VR 技术也可以进行手术训练，借助于虚拟现实技术的视觉感知、触觉感知功能进行专家"手把手式"的教学。

借助于虚拟现实技术，目前已经实现了古文物的展示、游戏娱乐的开发、军事训练、消防演习等。总之，虚拟现实技术已经在众多行业领域得到广泛的应用，未来也必将对整个人类发展带来更为深刻的影响。

第6章

环境中的人机因素

6.1

光色环境设计

6.1.1　照明的基本概念

　　照明是利用各种光源照亮工作和生活地点或个别物体的措施。利用太阳和天空光的称"天然采光",利用人工光源的称"人工照明"。照明的首要目的是创造良好的可见度和舒适愉快的环境。室内设计的照明是对各种建筑环境的照度、色温、显色指数等进行的专业设计。它不仅要满足室内"亮度"上的要求,还要起到烘托环境、气氛的作用。

　　"视觉 - 视觉作业 - 光环境间的相互作用和影响是人因照明研究的核心内容",视觉是最重要的人体感官系统之一,而影响视觉的主要因素就是光照环境,视网膜上存在管理时间的感光神经节细胞(杆状细胞和锥状细胞),"它主要负责调节人体内非视觉情况下的光生物效应,包括人体生命的各种体征变化,如血压、体温、心跳速率、激素分泌、睡眠质量,甚至情感的展现等"。杆状细胞感光性较强并在较暗的环境下发挥作用,视网膜上感光细胞的分布决定了视觉的感光特性。在视觉上，人因照明要求照明光环境满足人的"视力需求"，如光线均匀分布，强弱有度等，"视野需求"要求光照范围适度，"色觉需求"要求光色符合环境氛围，"视觉适应需求"要求照度强弱之间有过渡段。此外，视觉健康也是目前照明工程中需要考虑的人因要素，"光照的强度、时长、形式、位置，光谱构成等要素对视觉系统、眼底功能、脑力认知均产生一定影响，且与人的工作状态、人体机能、生理和心理上的舒适程度联系紧密"，而对节律照明的落实和研究更是视觉健康的方向，让照明环境贴合人体节律的变化会更加符合人因工程的要求。人的心理因素是人因工程学的重要内容，它包括人的性格、能力、动机、情绪以及意志。"光照作用于视网膜，不仅产生视觉，还对人的情绪和行为产生影响。"比如高色高温照度的环境会让人精神紧张和振奋，而底色低温照度的环境则会让人更加放松；一些休闲娱乐场所就需要缓慢变化的橙色光照环境；"多年的临床医学经验表明，柔和偏暗的环境可帮助产妇缓解紧张压抑的情绪，以获得较好的分娩状态"。而对于节律照明而言，则需要考虑人在一天之中不同的心理状态，以及季节变化带来的情绪变化，以此来进行节律照明设计。

6.1.2　照明的作用和影响（图书馆的照明设计）

"人因工程学又称人的因素工程学，主要立足于人的角度来思考和解决问题，其核心是研究人 - 机 - 环境三者之间的相互作用，其中人的因素需要考虑到人体的神经系统、感觉系统、脑力劳动与神经紧张作业时的生理变化特点以及人的心理因素等。"照明光环境是人因工程学中着重研究的一部分，室内照明对人的生理及心理均有一定程度的影响，让室内照明遵循生物节律是对人本设计的进一步落实。本研究将以图书馆的照明设计为例，阐述照明的作用和影响。

（1）采光途径

图书馆的采光途径可以分为自然采光和人工照明两种。

自然采光有顶部采光（自然光通过建筑顶部的玻璃构造直接或间接地按照由上而下的顺序均匀分布在室内）和侧面采光（自然光利用建筑墙体的玻璃窗口投射到阅览室环境内）两种方式。自然采光受建筑实体的影响和制约，很难有效照射到室内每一个空间，在光照度较低的空间区域，即使是在白天，仍然需要适当利用人工照明来弥补它的不足。

图书馆宜以人工照明为主，自然采光为辅。

（2）灯具布置

图书馆主要分为阅览区和书库区，两者的照明标准也不相同。

a. 阅览区：阅览区面积较大，宜采用两管或多管嵌入式荧光灯或者 LED 平板灯，增加灯具的光输出面积，提高室内照明质量。

b. 书库区：书库区照明设计需要注意的重点是不能让顶棚的光源的光线直射到人的眼里，不能有眩光，书架的垂直面照度要均匀，特别是要确保书架下部的照度要求。

（3）不同区域的照明标准

除阅览室、书库外，图书馆还有不同的功能区域，如针对不同年龄层的阅览室、工作间、出纳厅等，不同区域都有照明标准的设定（表6-1）。

表6-1 图书馆不同区域照明标准

房间或场所	照度标准值/lx	UGR	Ra
一般阅览室	300	19	80
国家、省市及其他重要图书馆	500	19	80
老年阅览室	500	19	80
珍善本、舆图阅览室	500	19	80
陈列室、目录厅、出纳厅	300	19	80
书库	50	—	80
工作间	300	19	80

注：参考平面及高度均为0.75m，水平面。

在正常的学习当中，光线起着决定性作用，拥有好的照明设备能让学习效率提高很多，同时对学生的眼睛也有好处。而图书馆的照明系统通常却存在光线不足、设备缺陷等问题，对学生的学习产生了较大影响，无法很好地看清书，长期下去会产生视觉疲劳等症状。

除了视锥和视杆细胞之外，人眼视网膜上还存在第三类感光细胞，专门负责传递环境光线信息给大脑的生物钟调节器，影响生物节律。这类细胞接受到光线刺激（特别是蓝光波段），会导致大脑中激素分泌的变化，褪黑素分泌减少，皮质醇分泌增加。褪黑素是睡眠激素，它的减少会让人兴奋，不易入睡。皮质醇的增加则使人注意力集中，心率加快。光照的效应也存在于分子生物学层面。2017年诺贝尔生理学或医学奖颁给3位美国科学家，获奖理由为"发现了调控昼夜节律的分子机制"，从而为光照对生物体的影响提供了分子生物学的基础依据。光线对生物节律的影响属于照明对人的非视觉效应。非视觉效应也包括光线对人的健康、情绪和机敏度的影响。研究发现人工照明的亮度和色温对人体的许多生理指标，如血压、心率变异、脑电波，以及体温也有显著影响。

6.1.3 飞利浦吸顶灯

如图6-1、图6-2所示，LED吸顶灯是采用LED作为光源的一种灯，安装在房间内部，由于LED吸顶灯上部较平，紧靠屋顶安装，像是吸附在屋顶上，称为LED吸顶灯。LED吸顶灯具有光效高、耗电少、寿命长、易控制、免维护、安全环保的特点。一般直径在200mm左右的LED吸顶灯，适宜在走道、浴室内使用。而直径400mm的LED吸顶灯，则装在不小于16m²的房间顶部为宜。LED光源通过微电脑内置控制器，可以实现LED吸顶灯调光、调色，光色柔和、艳丽、丰富多彩，低损耗、低能耗，绿色环保。LED吸顶灯是吸附或嵌入屋顶天花板上的灯饰，是室内的主体照明设备，是家庭、办公室、娱乐场所等各种场所常用的灯具。

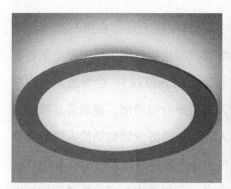 

图6-1 飞利浦吸顶灯　　　　　　　图6-2 家居效果图

这款飞利浦吸顶灯主要适用于客厅或是卧室，能够在室内为用户的各种活动营造适宜的氛围。使用飞利浦色温变换球泡LED吸顶灯，无需安装调光器或其他设备，借助现有开关，即可在明亮光线、自然光线和舒适暖光之间进行轻松切换。不同的光线可满足用户在不同季节、不同时间的需求，为用户提供了光线需求的多项选择，同时也满足了用户的视觉需求。

6.2
声环境设计

6.2.1　声音的度量

　　人类通过各种感官刺激之间的相互作用和整合来感知环境。近几十年来，在认知神经科学和神经生理学领域，对多感官交互作用的研究越来越多，而多感官交互作用对室内环境感觉的影响也越来越大，这些感觉包括热舒适性、声学舒适性、视觉舒适性和包含三种物理环境方面特性的室内环境舒适性，比如环境控制实验室中的声学、热和照明条件。选择三种均相室温（20℃、25℃和30℃）和光照水平（150lx、500lx和1000lx），对于九种配置中的每一种，四种不同类型的声音（嗡嗡声、扇子、音乐和水）的四个声级（45dB、55dB、65dB和75dB）被分别展示25s。60名大学生参加了所有的测试配置，并对他们的主观舒适性、离散感和整体室内环境进行了回答。

　　结果表明：在500lx时，热舒适性随着噪声水平的降低而增加，视觉舒适性随着噪声水平的降低而增加。室内环境舒适性随着噪声水平的降低而增加。虽然特定的室内物理环境因素对相应的感官舒适性影响最大，但其他物理因素也影响主观舒适度的感知。在随时间变化的声音刺激的稳态热和照明条件下，声学因素对室内环境舒适性的影响最大，其次是室温和光照程度。因此，在本研究所测试的三个环境因素中，声学对室内环境舒适性的影响最大。

6.2.2　噪声对人的影响

噪声污染作为世界三大污染之一，仍未引起人们的高度重视。本研究针对高校图书馆中的噪声环境，从人因工程的角度分析图书馆噪声环境对读者的生理、心理、情绪和疲劳程度的影响。什么是噪声？简单地说，噪声就是人们不需要的声音。人类生活在各种各样的声音之中，要想使周围环境绝对寂静是不可能的，但声音过大或过于吵闹就形成了噪声，会给人带来损害。严重的噪声污染会给人的身心健康带来危害。噪声的强弱，一般以分贝（dB）为计算单位：0～20dB 为很静，20～40dB 较安静，40～60dB 为一般声响，60～80dB 就觉得吵闹，80～100dB 很吵闹，超过 100dB 就难以忍受了。正常的环境噪声标准为 40dB，超过 40dB 即为有害噪声。国内外学者都曾就噪声对人的影响进行过深入的研究。

高校图书馆的噪声环境就是影响读者正常学习的声音，比如，机器运行的声音、来回的脚步声、说话的声音等。就图书馆的噪声环境而言，从源头分类，噪声可以分为设备运行过程中产生的噪声和读者在图书馆过程中产生的噪声等。一般情况下，图书馆室内环境中单个噪声源的噪声级别能够保证在 40dB 以下，但噪声源数量多，相互叠加会加大噪声给读者带来的不良影响。

（1）噪声环境对读者的生理影响

噪声引起的听觉危害可以分为暂时性和永久性两种，轻度噪声在短时间里，虽然也降低了听觉灵敏度，但只要进入安静环境后，即可很快恢复。若噪声时间较长，听觉灵敏度则显著下降，纵使进入安静环境，要经过很久才能恢复。这种现象称为"听觉疲劳"。这是由中枢神经系统发生保护性抑制作用而产生的，初期可以恢复，若在强烈声音反复作用下，听觉疲劳十分严重，不论休息多久，也难以完全恢复过来，若再反复置身于强烈噪声的环境中，将引起病理变化，听觉疲劳是耳聋的一种早期信号。

（2）噪声环境对读者的心理影响

噪声对读者的心理影响主要表现为引起人的烦恼，如焦虑、生气等各种不愉快的情绪。噪声给人带来的心理压力会降低人们处理情绪问题的能力，学习、工作效率也会低很多。由噪声引起的不良影响包括：干扰复杂的思想活动、增加学习的困难，噪声音量超过90dB会影响到人的思考能力，而60~70dB的噪声音量强度会影响到人的短期记忆等。譬如读书时，噪声环境会使耳肌活动量增大，注意力越集中，肌肉越紧张，消耗能量也越大，最后脑神经活动处于抑制状态，处理问题的能力会下降。根据ANSI标准，电子资源服务区的整体噪声音量应控制在55dB，若超过就会影响到读者的心境，让读者注意力不能集中，影响效率。

降噪类家居产品如下。

① 再写书桌（Rewrite Desk）。丹麦设计工作室Gamfratesi推出的再写书桌（Rewrite Desk），是最早提出在个人工作空间里加一个"隔音罩"的设计，2009年设计研发，2011年生产。传统的木桌上罩着一个半球体软装外壳，使用隔音功能好的织物，就创造出了一个安静的小空间，如图6-3所示。

图6-3　再写书桌

②焦点隔音板（Focus）。找回公共空间中缺失的个人空间，基于此灵感，Zilenzio 公司（其宣传语是出售寂静 Selling Silence）推出了一款桌面隔音板（Focus）。该款隔音板可以弯曲折叠，根据需要做成不同形状放置在桌面上，如图 6-4 所示。

图6-4　焦点隔音板

③隔音屏风（wind）。基于大自然中的雪花、树叶等设计灵感，日本设计师仓本仁（Jin Kuramoto）设计了这款屏风。它用隔音面料制作而成，很好地满足了人们对安静环境的追求。这款屏风由瑞典设计品牌 Offecct 推出，如图 6-5 所示。

图 6-5 隔音屏风

6.3

环境质量

6.3.1 环境的度量

环境质量一般是指在一个具体的环境内，环境的总体或环境的某些要素，对人群的生存和繁衍以及社会的经济发展的适宜程度，是反映人群的具体要求而形成的对环境评定的一种概念。环境的最后一个元素是用户-系统-任务交互发生的环境。这种环境因素可以进一步分解为两个组成部分：物理环境和社会/文化环境。

每个用户系统交互都发生在一个物理位置上，这个物理位置"包括用户外部的更大的世界和直接使用的系统"。环境的物理元素断言，围绕用户系统交互的物理空间在该交互中扮演定义角色。例如，Crabtree 等人注意到环境中物理成分的重要性，他们观察到"有广泛的认识……系统设计的环境正在发生变化。工作场所不再是设计的唯一焦点。数字，就像之前的许多技术一样，正在渗透到整个社会"。Connolly 等人也指出了物理世界在定义环境中的重要性。他们认为，物理环境是"更窄"和"更广"的情景环境的一部分："更窄"的物理环境被标记为"设置"，由时间、地点、环境因素（如温度、湿度、照明等）、计算机硬件、计算机软件、网络连接和带宽组成；"更广"的情景环境由宇宙、世界和世界的地理区域组成。

任务与执行任务的物理环境之间存在明显的关系。正如 Winograd 指出的，"环境是一个操作性术语：某物之所以是环境，是因为它在解释中使用的方式，而不是因为它的固有属性……世界的特征通过它们的使用而成为背景"。虽然 Norman 认为设计应该以活动为中心而不是用户，他还认识到物理环境的重要性，确定这些活动可能是"一旦一项活动开始，那么任务管理就是解决之道，放在一起使用的东西放在彼此靠近的地方，任何一件东西都可能在那里，逻辑上位于分类学结构之内，但在行为上也是如此适合所支持的活动"。这一点也被 Dougherty 和 Keller 在他们描述铁匠的任务经济学中出现。他们发现，除了按任务分类，铁匠还根据工具在商店中的位置（如靠近树桩、靠近火等）来概念化工具。从这个角度来看，物理环境在塑造发生在其中的行为方面起着关键作用。

物理环境的重要性也是分布认知理论的基本原则之一。如前所述，该理论的主要论断是，认知起源于人类活动，在人类活动中，活动被认为是人与人工制品之间的协调。Hutchins 指出，在航行船舶时，船舶的舵手操纵数字和符号，在图表上画线，并创造了许多其他物理制品。因此，驾驶这艘船的行为本身就改变了"军需官们共享并为彼此生产的物质环境"。在另一个例子中，Hollan 等人指出，人们在工作中使用的材料不仅被视为促进因素，而且被视为"认知系统本身的元素"。正如盲人的手杖或细胞生物学家的显微镜是他们感知世界的中心部分一样，精心设计的工作材料成为人们思考、观看和控制活动的方式的一部分，并成为分布式认知控制系统的一部分。因此，分布式认知理论认识到，一个认知系统往往是内部对象（在头脑中）和周围物理环境中的人工制品之间协调的结果。

在较小的程度上，物理世界也是情境作用理论的核心。正如 Nardi 指出的，情境行动的分析单位既不是个人也不是环境，而是"两者之间的关系"。从这个观点来看，行动发生在"一个位于时空中由物体、人工制品和其他行动者组成的复杂世界中，这个世界位于时空之中"，而这些因素"被视为使知识成为可能并赋予行动意义的基本资源"。因此，情境行为必须从"环境"和"竞技场"的角度来解释，其中"环境"是行动者和物理环境之间的关系，而"竞技场"是"一个稳定的制度框架"。以 Suchman 著名的 Trukese 导航器为例，与创建并执行有目的的计划的欧洲航海家不同，Trukese 航海家确定一个目标（例如，旅行到一个特定的位置），并根据他所处的物质环境（例如，海浪、岩石、风等）调整路线。通过这种方式，"情境行动的组织是行动者之间、行动者与行动环境之间每时每刻互动的一种涌现属性"。

最后，除了用户与系统交互的物理环境之外，研究人员还注意到，还有一些重要的社会和文化因素也影响着用户与系统的交互。这一观察对于人机相互作用的第三次浪潮是基本的，因为它关注的是意义的形成而不是问题的解决，这"促进了对互动的位置和涌现属性的看法"。这种观点有时被称为"具体化的行动",与情景行为不同,它将行动与意义联系起来,并断言"结构、历史和文化等因素在使居住在其中的人觉得社会世界有意义方面发挥了作用"。

6.3.2 空气质量的控制与治理

改革开放几十年以来,中国经济取得了伟大的成就,但是随之而来的环境问题也成为亟待解决的问题之一。这一问题的广泛性、深刻性和不可弥补性使得近年来国际上对环境问题的关注度与日俱增。全球气候变暖、白色污染、室内污染,以及我国的雾霾天气等,都对人们正常的生产、生活、工作和学习产生了严重的负面影响。当下人们关注的问题不仅是衣食住行,空气质量的优劣也会引起人们的关注。

空气质量是定量描述空气质量状况的非线性无量纲指数。其数值越大、级别和类别越高、表征颜色越深,说明空气污染状况越严重,对人体的健康危害也就越大。由于颗粒物没有小时浓度标准,基于24h平均浓度计算的AQI相对于空气质量的小时变化会存在一定的滞后性,因此,当首要污染物为PM2.5和PM10时,在看AQI的同时还要兼顾其实时浓度数据。

想要使环境空气在实际监测过程中的质量得以有效保障,最重要的就是对空气的自动监测系统所具备的完整性进行保障,只有实现监测系统逐渐完善,才能在各个环节实现对空气质量全面、系统的监控。对于空气质量监控系统而言,其组织主要包括处于中心部位的计算机控制中心,主要的目的是质量控制实验室,属于自动监测系统当中较为重要的一部分。在对空气质量进行实地管控的过程中，首先需要把监控子站所获取得到的数据传到计算机的控制中心，并通过控制中心对相关数据进行相应的审核以及处理，之后将处理后所得数据进行汇总存档，并以此制定对空气质量进行有效控制的措施。

想要使环境空气的监测实现自动化，最重要的就是以相关规定，对控制质量实施监测的系统进行相应管理，以此确保监测质量的准确性。监测系统的有效管理包括以下几点：①对监测系统进行定期巡视，确保监测设备可以在其寿命周期内实现正常运行；②加强对监测人员的管理，工作人员在实际工作中的态度，也会对监测的结果产生影响。因此，监测部门需要加强对工作人员的管理，提高其专业素质，创建相应的奖罚制度，以此使工作人员在实际工作中的责任心得以有效提高。

想要使环境空气在实际监测过程中所获得数据的准确性得到保障，就需要对监测工作实施相应的监督检查。在对空气质量进行监测的过程中，强化监督检查不仅能够查漏补缺，还能够对监测的各个环节实施相应的质量检查。并且可以制定相应的检查表，对监督检查所得结果进行记录，以避免监督检查工作过程中的纰漏，使工作效率得以提高。

不仅如此，还可使用吸附剂等用品对日常室内空气质量进行管理和控制。吸附剂中主要包括的成分有活性炭、硅胶以及活性氧化铝等，将吸附剂放置在室内可以进一步提高室内的空气质量。吸附剂的使用主要是通过吸附分子和污染分子之间的物理作用，然后使得吸附剂的表面富集满污染物。但是使用吸附剂的过程中也存在一定的局限性，比如活性炭表面具有较多的蜂窝状小孔，这些小孔不仅可以将甲醛等有害物质进行吸附，还可以将空气中的水分子进行吸附，这样就会导致小孔堵塞，从而影响活性炭的吸附能力，想要对其进行二次利用必须要在其放置一段时间以后进行暴晒。光催化净化法：当阳光对纳米二氧化钛进行照射以后，纳米二氧化钛可以与较多的有机物产生化学反应，从而将室内的有害气体在短时间内消除，有效提高室内的空气质量。但是这种方法对光照、压力以及温度有较高的要求，光照必须是不超过 388nm 的紫外线照射，因此这种方法在家居环境中没有得到较多的应用。组合技术净化法：将吸附净化法和光催化净化法结合起来就是组合技术净化法，例如活性炭和二氧化钛，先将污染物吸附在活性炭的表面，使得污染物的氧化速度加快，然后再通过光催化净化法把活性炭上的污染物转移到二氧化钛上，从而完成了活性炭的原位再生。

在应对全球气候恶化过程中，一系列的环保类产品不断被开发出来，简便的有防雾霾口罩，较高端的就有空气净化器类产品。下面以松下空气净化器为例进行说明。

图 6-6 是松下推出的旗舰产品 F-PXP155C，搭配了三面进风、三组滤网设计，在国标各项指标上表现优异，颗粒物 CADR 值＞800m³/h，甲醛 CADR 值＞400m³/h。同时，智能人体检测、louver 结构、前面板上滑以及 nanoe（纳米水离子）技术等功能，让这款旗舰产品拥有更高附加价值。室内地板上方 30cm 处的空气质量最成问题，污物种类及脏污程度最高，同时又是宝宝和宠物的主要活动区域。针对这一消费痛点，松下空气净化器通过配装人体感应和灰尘感应装置，自动侦测人体及宠物的活动，预判扬尘并同时打开前面板，开启空气净

化，在污染未扩散前即完成净化过程。这款空气净化器独特的 louver 导风板设计，不仅可以防止落尘，还能优化风路循环，让气流扩散更均匀，净化不留死角。此款空气净化器的出风口也由一面变成三面，加速室内空气循环净化。出风口加装了过滤棉，有效保护电机长久运行，净化效率较之前有了大幅提升。

图6-6　松下空气净化器 F-PXP155C

第7章

人因工程与智能
交互案例分析

7.1
以超市智能收银系统为例

现代超市智能收银系统主要由工作台和收银机两大部分组成，工作台的尺度和收银机的显示操作设计以及智能收银系统的工作空间设计都要符合人机工程学，才能最大程度地发挥超市智能收银系统的效用。

7.1.1　工作台高度

工作台的高度与收银员能否舒适地工作有重要的关联。若是工作台的桌面过高，收银员在工作时，肘部、手臂以及肩部都会被抬起，肌肉会处于紧张状态，极易造成疲劳的感觉。工作台的桌面太低，会加大收银员脊柱的压力，腹部受到挤压，阻碍呼吸和血液循环，同时会加大视觉负担和对颈椎的伤害，造成不良的后果。超市收银员在工作时大多采用站姿，设计者就必须对大部分收银员的身高进行调研，选取平均值，找到最舒适的工作台高度。

目前，超市的收银员多为女性，根据 GB/T 10000—88 知道 50%的 18～55 岁的立姿女性肘高为 960mm，最舒适的站姿工作高度应低于肘部高度 76mm，结合人机工程中的尺寸修正量，得出收银系统工作台的高度应为 800mm 左右。

7.1.2　人机显示设计

　　显示是人机系统当中重要的组成部分，显示不光与使用者的视觉有关，还与使用者的听觉、触觉相关。三者各有各的特点，同时相互影响，共同构成超市智能收银系统的显示要素。显示具有仪表显示、信号显示和荧光屏显示三种形式。

　　超市智能收银系统的显示屏高度与倾斜度的设计与收银员和顾客能否舒适结账有极大的关联。根据 GB/T 10000—88 知道 50% 的18~55 岁的立姿女性眼高为 1454mm，根据 GB/T 12984—91 知道正常视线应在水平视线之下约 25°到 30°之间（如图 7-1），视距应在560mm 处，因此超市智能收银系统的显示屏高度应为 1127mm 左右。

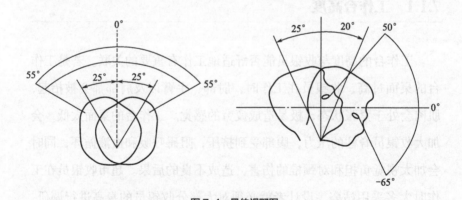

图 7-1　最佳视野图

7.1.3　人机操作设计

　　使用者通过机器显示传递的信号对机器进行操作，确保机器的正常运行。通过对超市收银员手足尺寸、手部控制部位的尺寸、手臂的活动范围以及手臂的操作力度等数据进行收集，能够为收银机的尺寸及操控部分的设计提供重要的数据参考，协调收银员、顾客和智能收银系统三者之间的关系。

7.1.4　工作空间设计

工作空间的设计合理，符合收银员的生理特点对智能收银系统至关重要，需要测量收银员在工作空间的站姿人体尺寸，即中指指尖点上举高、双臂功能上举高、两臂展开宽、两臂功能展开宽、两肘展开宽以及立腹厚等，能够对收银员的工作高度以及水平工作面进行有效的设计。

超市智能收银系统的工作空间还应该考虑顾客过道的宽度，保证购物车和顾客的顺利通过，故应按照 GB 10000—88 当中男性第 95 百分位数的身体宽度进行设计，加上修正量，超市收银通道的宽度应在 750mm 到 800mm 之间（图 7-2～图 7-4）。

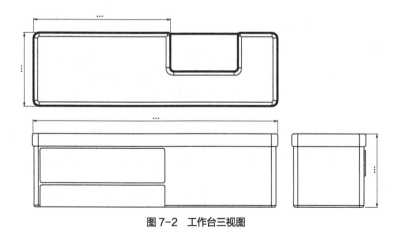

图 7-2　工作台三视图

图 7-3 工作台效果图

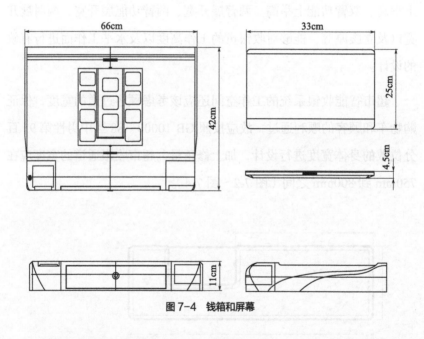

图 7-4 钱箱和屏幕

　　现代超市智能收银系统的显示屏与主机（钱箱）是分离的，在显示屏的后面设计有三条凹槽，钱箱部分设计有支撑显示屏的支撑板，用户可以根据自己的使用习惯，对显示屏的倾斜角度自由调节，达到最舒适的角度（如图 7-5 显示屏的设计）。

　　现代超市智能收银系统设计还包括工作台面的设计，工作台面的尺度要符合人机工程学，用适度的尺存最大限度地发挥收银员和智能收银系统之间的能动作用。

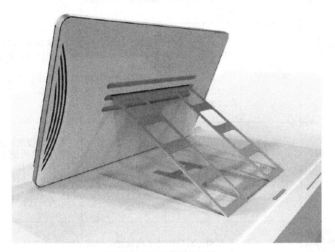

图 7-5　显示屏的设计

7.2
以手持无接触静电检测仪为例

7.2.1　手持式设备的人机工程学特性

　　手持检测设备造型的人机特征分析见表 7-1。

表 7-1　手持检测设备造型的人机特征分析

图片	分类	优点	缺点
	直板式造型设计	1. 从功能出发考虑设计，更富有工业感，造型上能保持中庸，不会太容易过时； 2. 在制造上，更加节约模具成本，更有利于批量生产； 3. 在使用环境上，更加多样化，可以在不同的工作环境进行有效的操作	1. 没有特点，产品人性化设计考虑不足，较缺乏亲和力； 2. 造型比较单一，缺乏市场竞争力
	手枪式造型设计	1. 可单手操作，左右手皆可，且功能全面，适用于多种场合； 2. 在造型上突破比较大； 3. 枪式的造型设计不仅能满足功能的需求，同时也非常人性化，操作时也比较顺手	1. 体积相对比较大； 2. 在携带方面会相对不太方便； 3. 独特的造型增加运输包装成本，且加工模具成本会提高
	棒式造型设计	1. 设计采用更符合人机的长把手设计； 2. 数据采集面更大，人在使用时觉得更加轻便； 3. 整体长条造型的设计使人单手即能操作	1. 不能设置更多的按键及输入模块，引起操作不便； 2. 这种设计一般应用于能单手操作的检测设备比较多； 3. 尺寸过长难携带
	弯曲式造型设计	1. 相比起传统的平板设计，弯曲式造型设计则更人性化和方便用户同时操作和记录； 2. 在人机特征方面考虑到手部握住把手的时候触觉的舒适感，有更好的操作舒适度	只是在外观造型上工业感略差，更加贴近一般的日用使用产品类型
	翻盖式造型设计	1. 通常不能进行单手操作，但设备功能完善； 2. 多用于较单一的场合，翻盖造型设计多用于手机； 3. 目前随着触摸屏技术的发展，逐渐被淘汰	1. 体积相对比较大； 2. 携带还是不太方便； 3. 造型比较陈旧

7.2.2　手持检测设备尺寸设计

考虑到静电检测仪器的操作环境特殊和作业性质强度较大，不适合女性作业，导致这款设备的主要操作人员以男性群体居多。因此，此次采用的人机尺寸数据主要是我国的成年男性，符合产品使用人群的特点。

通过查阅我们国家人体尺寸相关标准（GB 10000—88）（表 7-2），发现我国男性和女性的手部平均长度在 159mm 至 196mm 的范围，宽度范围是 70mm 至 88mm，在这个数据基础上分别对无接触静电检测仪器的持握区域进行分析，得出相应的合理尺寸，为后面的设计实践提供建议尺寸作为设计指南。按照 GB/T 12985—91，静电检测仪的尺寸属于Ⅲ型产品尺寸设计，需要进行平均尺寸计算，尺寸计算时应选用第 50 百分位数（P50）作为人体尺寸并且依据产品功能尺寸的设定原则：

产品最佳功能尺寸 = 人体尺寸百分位数 + 功能修正量 + 心理修正量

表 7-2　手部尺寸数据

年龄分组	男性（16~60 岁）							女性（18~55 岁）						
百分位数	1	5	10	50	90	95	99	1	5	10	50	90	95	99
手长 /mm	164	170	173	183	193	196	202	154	159	161	171	180	183	189
手宽 /mm	73	76	77	82	82	89	91	67	70	71	76	76	80	84

按照人因工程学分析，合适的握把最佳尺寸长度为 100~115mm，宽度应该在 75~83mm 范围内。以人机工程尺寸设计资料为基础，再结合甲方的规格尺寸以及市场同类静电产品的尺寸分析，这款静电检测仪的基本的产品尺寸应该限制在长小于 142mm，宽在 76mm 左右，厚小于 35mm。在数据显示区域，显示屏幕的尺寸规格为 29mm×50mm，采用 LCD 屏直接显示四位自动有效距离转换数据以及电源电量显示表头，因此软界面设计并非重点设计对象。按键操控区域的总按键数量是五个，这五个按键上的字符的尺寸规格是

1.5mm。最常用的是测试距离定位键、测试数据保持键、电位清零键三个按键，这三个按键需要相互配合，应该遵循重要性原则进行搭配布局；同时，屏幕背光开关键和电源开关键不经常使用，应该遵循使用频率原则放置在次要位置（图7-6）。

图7-6　产品效果图

半弯曲的外观造型，这样更符合人机工程学原理。而且这样的造型可以一边测量，一边记录数据，大大提高了使用效率。同时，简约的几何造型特点更加符合人们的审美情趣，同时也提升了产品造型的科技感，显得更加有动感。在产品的左右两边细节处（图7-7）都设计了很多细的凹槽作为检测仪的防滑纹理，这样双手操作时的摩擦系数更大，增强了产品的安全性。同时，增强了设计美感，显得力道十足，有着动感的细节设计。

按键操控区域的凸起部分是进行的人机界面的划分设计，通过凸起和下凹的变化，让手部可以通过触觉区分按键操控区域和数据显示区域。测试数据保持键属于高频使用按键，考虑到使用人群以右手使用为主，所以，专门把它设计在产品右侧面。这种设计体现了人机界

图 7-7 产品细节

面设计原则的"以用户为中心",大大提高了产品的操作效率和使用
舒适性。

在按键操控区域使用圆角矩形凸起按键看起来美观大方,同时也
满足客户对于按键继续使用的要求。电位清零键、测试距离定位键、
屏幕背光开关键、电源开关键,这四个按键处于同一位置,电位清零
键、测试距离定位键放在一个界面主要是因为属于高频使用且要搭配
使用,所以放在一个区域。遵循变化与统一的美学设计原则,将这四
个按键以曲线排布的整体设计与检测仪整体的矩形形成对比,显得新
颖美观。

7.3

以多功能鼠标笔为例

7.3.1 传统鼠标与握笔姿势的人机工程对比分析

传统鼠标与握笔姿势的人机工程对比分析见表 7-3。

表7-3 传统鼠标与握笔姿势的人机工程对比分析

	抓握姿势	点按姿势	移动姿势	手部与桌面支撑面
传统鼠标	传统鼠标使用时由手掌抓握。由于鼠标具有一定的高度，抓握时手掌与桌面夹角大于30°，此时腕关节被抬高，导致腕关节和前臂肌肉处于受力状态，上臂肌肉和肩关节也同时受到牵拉，长时间致使手臂血流不畅 鼠标抓握姿势	传统鼠标用食指完成点击动作，而中指与拇指使用频率较低。食指点按时需悬空抬起，施力带动整个胳膊的肌肉运动，由于食指关节过度重复动作，臂部肌肉易疲劳	传统鼠标移动靠手腕水平旋转完成。由于手腕被抬起，旋转时前臂肌肉处于拉伸状态，移动范围较局限，长时间还会导致臂部血液循环不畅 传统鼠标移动姿势	传统鼠标支撑点在腕骨处，支撑面积约4cm²，腕骨下血管和神经被压迫，有时为了移动方便，手腕几乎被悬空，属于静态施力，由于长期与桌面摩擦，腕骨处易红肿，起茧
握笔姿势	笔在使用时由拇指、食指和中指同时抓握，抓握时手腕平起18°左右，腕关节及手臂保持自然姿态，静力施压较小 握笔姿势	握笔由拇指、食指与中指同时施力，如将鼠标左键设置为笔头，则三指同时施力完成点击动作，可避免单指重复动作，减轻臂部肌肉疲劳	握笔在移动时靠手腕轴方向旋转，顺着轴方向旋转更为灵活，手臂彻底放松，将鼠标红外线光敏件或轨迹球设置在笔头。利用手臂移动即可实现电脑光标的移动和选择 握笔移动姿势	握笔时支撑点在手部的小鱼际肌，支撑面积约15cm²，由于施力部位为肌肉，较好地保护了血管和骨骼，几乎没有悬空感，可将前臂全部放在桌面上 掌心 指球肌 指骨间肌 小鱼际肌 大鱼际肌 腕骨 手部生理结构

通过以上分析发现：传统鼠标在使用时主要靠手腕用力，腕关节被抬高，食指重复动作频繁，手部与桌面支撑面积较少，长期使用会导致手腕部血液循环不畅，造成手掌的感觉与运动发生障碍，也就是"鼠标手"形成的原因。而握笔姿势主要是手指用力，手部与桌面支撑面积大，手腕活动更为灵活。如在设计时将鼠标左键和红外线光敏件设置在笔头，通过笔尖的单击和双击完成选择，通过笔尖的移动实现光标的移动，在使用时既满足了鼠标的功能，又避免了传统鼠标引起的手腕部疲劳。

7.3.2 多功能鼠标笔设计

多功能鼠标笔由鼠标笔和底座两部分组成，鼠标笔不用时可插入底座，便于支撑存放。该鼠标笔不仅可当鼠标使用，同时具有绘图和写字板等功能。如图 7-8 所示。

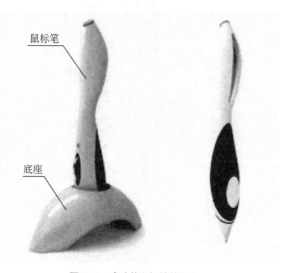

鼠标笔

底座

图 7-8 多功能鼠标笔效果图

多功能鼠标笔使用时像笔一样抓握在手中，笔杆抓握直径 25mm，高度 150mm，有利于操作时保持最大握力。笔尖处设有轨迹球，滚动轨迹球可实现光标移动，单击和双击轨迹球是鼠标选择确认键，功能如同传统鼠标左键。鼠标笔滚轮由食指控制，实现翻页、屏幕自动滚动等功能。鼠标右键由大拇指控制，与传统鼠标的右键功能相同。笔杆外侧有防滑橡胶垫，其表面有凹凸纹理，起到增大摩擦、防滑等作用。此外，笔口塞为橡胶材料，一端与笔杆顶端固定连接，当笔口塞打开时即露出鼠标笔的 USB 迷你接口，可为充电电池充电。电量显示灯可随着电池量的减少而变化，既可显示用电量情况，又起到鼠标笔装饰功能。该多功能鼠标笔可配有绘图板等配件，当与电脑相连后，鼠标笔又具有绘图和写字板功能，如图 7-9 所示。

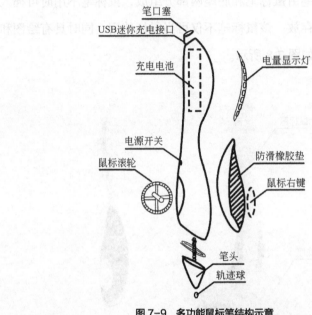

图 7-9　多功能鼠标笔结构示意

第8章

分享行为启发的玩具
设计案例

8.1
儿童分享行为启发的玩具设计依据

8.1.1 用户研究

（1）目标人群

不同阶段的儿童具有不同的认知特性。3岁以下儿童，认知发展还不够全面，动手能力较弱，玩具主要集中在认知类玩具；另外，对于7岁以上的儿童，他们已经有了一定的动手能力和自主偏好，在玩具的选择上大多是偏向知识拓展和创造力开发类的玩具。本章主要是针对4～6岁的儿童，该阶段的儿童好动，爱模仿，喜欢探索周围环境，开始进入叛逆期，对于该阶段儿童进行价值观教育以及良好习惯培养显得尤为重要。本章的目标群体也是4～6岁儿童，根据他们的行为特点设计一套具有分享启发意义的积木玩具。

（2）用户需求

基于目前玩具产品存在的问题以及对儿童行为特征分析，对用户需求总结出具体的描述，见表8-1。

表 8-1 用户需求

序号	需求描述
1	供 4～6 岁儿童玩耍
2	表情识别
3	玩具操作易上手
4	符合儿童手部尺寸大小
5	色彩活泼
6	产品的外形与功能结合良好
7	可与伙伴合作玩耍
8	体现出分享启发的教育特色
9	安全性高

8.1.2 分享启发类玩具设计的要素分析

玩具的设计主要构成要素包括：功能、形态、结构、材料、父母因素、价格因素。如图 8-1 所示。

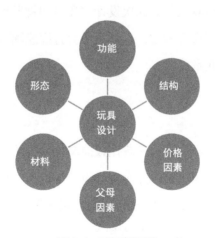

图 8-1 玩具设计要素

（1）功能分析

儿童在不同的成长阶段对于玩具的功能需求也不同。4～6 岁这一阶段的儿童正处于从直觉认识到逻辑思维的阶段。通过玩具鲜明的颜色以及图案，有利于儿童产生去认识了解颜色或是图案意义及概念的冲动，积木拼图类、场景类有利于儿童逻辑思维的锻炼。本次研究的玩具产品在基础功能上融入分享行为启发的教育主题，启发儿童在玩玩具的同时，领悟到分享的意义。

（2）形态分析

玩具对于儿童来说，更新淘汰特别快，所以对于玩具形态的考虑，一般在不影响功能的基础上，尽量减少成本。市面上的玩具大多以生活中的自然物为主，比如动物形态，小熊、小猪，或是交通工具类，汽车、火车、挖掘机等，对于女生来说一般以芭比娃娃居多。玩具结构不宜太复杂，一般以简单的拼装为主。拼装结构也不宜使用太多连接零件，尽量将连接结构融入到玩具本身。尽量操作简便，让儿童能够自己摸索玩具玩法。此次设计主要以动物形象和水果作为主要形态。另外，出于安全考虑，玩具边缘会打磨成圆弧形状，尖锐的角的形状容易弄伤儿童。

（3）结构分析

对于积木玩具，其结构一般比较简单，易拼接，方便拆卸，不需要一些金属螺钉或橡胶圈。此次玩具设计的定位，也会采用具有相对稳定且易操作的结构，采用激光雕刻实现图案的绘制。此次积木拼接采用穿绳的方式，通过在积木块上打孔，用绳线将积木拼接起来，增加儿童与玩具之间的交互，同时锻炼儿童的手眼协调能力、动手能力。

（4）材料分析

通过对实体商店的观察，玩具的材质以塑料材质为最多，其次是木质、金属。塑料一般具有成本较低、易上色、加工方便、不易形变、耐用等特点，所以对于玩具制造商来说，是最佳的选择。每种材料都有不同的质感。塑料有透明、不透明的，手感较光滑，材质相对较软。金属则相对给人冰冷的感觉，同时具有坚硬的特点。木材具有更贴近自然、真实的感觉，木质本身的颜色也给人温暖安全的感觉。材质的不同，对玩具的形态、设计效果体现都有影响，此次设计选用木质材料，它能给儿童一种更加亲近的感觉。

（5）父母因素

玩具直接使用者是儿童，但是购买者一般则为其父母。所以玩具设计不仅是要考虑儿童的行为特点和偏好，还要了解家长对于玩具的需求。儿童父母在玩具的选择上，一方面是考虑玩具可以陪孩子玩，另一方面还希望玩具可以培养孩子一些良好习惯或智力开发。对于玩具的选择，玩具的功能性是大多数父母考虑的主要因素。因此在玩具功能上的提高，是玩具的未来趋势，也是收获父母认可的突破口。

（6）价格因素

对于4～6岁儿童，他们成长速度较快，对于玩具的更新速度也相对较快，所以玩具价格也是家长考虑的因素之一。根据家长购买玩具的习惯，随着孩子年龄增长，父母会逐渐减少玩具的购买，对于4～6岁阶段儿童，父母购买玩具次数不是最高的，但他们能接受价格相对较高的玩具，同时对于玩具功能要求也会提高。另外，关于玩具价格的接受情况，对知名品牌玩具，家长一般能接受较高的价格，但对于知名度相对较弱的玩具品牌，家长对价格的接受度还是偏低的。所以价格因素也是玩具设计的考虑因素。本设计将玩具价格控制在50~100元。

8.1.3 设计原则

(1) 教育性原则

现在的玩具对于孩子来说，不仅只有陪孩子玩耍的功能，更应以培养孩子合作、分享、思维开发为目标。乐高玩具之所以这么受欢迎，一方面是玩具本身的吸引力，另一方面还是因为乐高玩具里隐藏的数学、认知、物理知识。比如常见的算盘玩具、磁铁玩具等。所以，只有真正做到了寓教于乐，让孩子能够在玩耍中了解到更多的知识，玩具才能受到家长和孩子的喜欢。

(2) 安全性原则

对于小孩来说，安全意识不够高，好奇心较重，对于一些危险的事物不会有害怕的感觉，容易发生一些出乎意外的举动。所以对玩具的选择，首先是考虑它的安全性，每年因玩具的品质、设计结构不合理或是误操作导致儿童受伤的案例不在少数。玩具形态结构尽量圆润，避免尖锐或是太小的零件，防止误吞食的情况。另外对于上色问题，一定要采用环保、绿色无害的颜料，以免对儿童身体造成伤害。

(3) 易操作性原则

对于4~6岁儿童来说，认知以及思维能力有限，太复杂的玩具对其吸引力不是很大。儿童在尝试玩玩具的初期，如果规则太难，操作过于复杂，会给孩子心理造成压力，到最后可能会放弃这个玩具。玩具本身的目的是给孩子带来愉悦的体验，简单易操作的玩具能让孩子快速上手，在会操作的基础上，才能体验到玩具更多的功能，从而感受到玩具想要传达的教育意义。

8.1.4 设计方法及流程

（1）以用户为中心的设计方法

儿童玩具的用户主体即儿童，对于玩具设计来说，需要结合目标年龄段儿童的认知发展特点、行为特征，包括语言、思维、注意力以及动手能力等方面。以用户为中心的设计方法即以满足儿童为目标，在形态、功能和结构、安全性方面都要满足儿童认知以及行为特点。本章是以启发4～6岁儿童分享行为为目标导向，设计一款玩具教育产品。结合移情训练策略，根据4～6岁儿童行为特点，以及用户需求进行产品设计。

（2）设计流程

如图 8-2 所示。

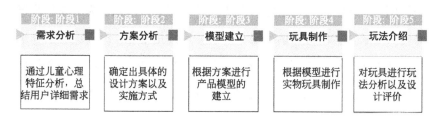

图8-2 设计流程图

8.2
设计方案

8.2.1 基于情景游戏的分享启发玩具设计

关于分享启发类玩具设计，首先作为玩具，其需要具备有趣的特点，其次是分享启发的目标，让儿童进入特定的场景进行游戏，在游戏中可以有不同角色的扮演。将分享启发教育融入场景游戏当中是大多数教育者主要采取的方法。一方面场景玩具可以满足儿童角色扮演的需求，从而可以实现通过角色扮演策略进行分享行为教育。另一方面，前面提到的分享策略中的移情策略，将场景游戏融入玩具设计当中，通过场景游戏让儿童体验分享者与接受者两种不同角色，从中可以让儿童感受不同角色的情感，移情作用也会对分享行为产生促进作用。玩具只是作为分享的载体，而对于儿童分享意识的培养，往往需要外界的引导，通过情景玩具的设计，以分享故事与玩具结合的方式，让儿童在玩耍的过程中不仅可以体验到玩耍的乐趣，同时可以受到分享行为的启发。

4～6岁的儿童开始产生模仿行为，不仅是对其父母和老师的行为进行模仿，动物行为也是他们很感兴趣的部分，因此，为了满足儿童的模仿需求，本章将分享行为与场景类玩具相结合，设计出场景类玩具，其中玩具场景包括两部分：一是"动物世界"，通过设计9种小动物的形象，营造动物世界的场景，满足儿童进行动物模仿的需求；

二是"小小果树",通过设计9种水果,将其作为游戏过程中的分享物。游戏主题为"小河马找朋友",儿童在玩具使用中可以选择自己喜欢的动物进行模仿,游戏主要涉及两种角色,小河马扮演的分享者和其他动物扮演的接受者,将"小河马找朋友"的分享情节融入到游戏中,让他们在游戏中体验分享的快乐,养成良好的分享习惯。

8.2.2 模型建立

(1)玩具外观模型建立

图8-3为"动物世界"的场景主体建模,玩具主体采用椴木材料,椴木可以让儿童有亲近自然的感觉,具有绿色环保、耐用等优点。玩具曲线造型结构与自然环境中的起伏的山相近,有助于场景游戏的代入,与接下来动物木块设计相关联。图8-4为"小小果树"的场景主体建模,场景中间是果树造型,与水果模块进行关联设计。

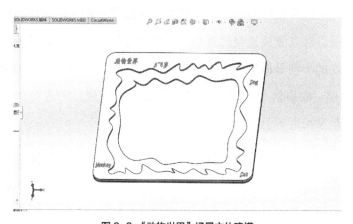

图8-3 "动物世界"场景主体建模

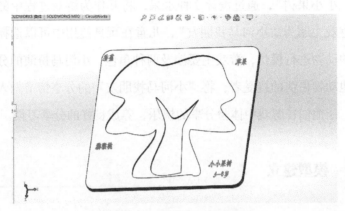

图8-4 "小小果树"场景主体建模

（2）场景模块设计

场景玩具根据4~6岁儿童开始喜欢模仿这个行为入手，选择儿童最熟悉的动物形象入手。关于动物世界场景的设计，除了主体造型外，还包括9个独立的动物造型积木块，积木块起到代入角色的作用，以及9种不同的水果，分享行为的产生一般会存在实物载体，水果也是儿童经常接触的物品。本章将水果形状的积木拼图作为游戏中的分享品。让儿童挑选自己喜欢的动物进行模仿，并将自己的角色融入到贪吃的小河马故事中，通过小河马的故事，体会分享以及交新朋友的过程。故事情节的讲解会以卡片的形式呈现，一般可由幼教老师，或是家长讲解引导。

故事情节描述："动物世界之贪吃的小河马"儿童分享意识培养。老师可根据实际情况进行相应修改，达到分享意识培养的目的即可。

内容简介

在动物世界里，住着可爱的小动物，小河马、小鹿和其他小动物。小青蛙呱呱呱（互动），佩奇小猪噜噜噜，小鹿哞呦哞呦。

一天，小河马来到了果园，发现了一棵果树，树上有好多水果，小河马摘了水果，它在想：小鹿和其他伙伴不知道这棵果树，我要不要告诉小鹿它们呢？告诉它们我会不会就没有水果吃了？

小河马悄悄把摘回来的水果藏起来了，小鹿它们找它一起玩的时候，发现它有好多水果，却总是自己一个人吃，不分享给小鹿和其他伙伴，后来小鹿、小青蛙不找小河马玩了。

几天后，小河马发现自己没有朋友了，河马妈妈告诉它：要是小鹿它们有水果也不分给你，你是不是也会不开心。小河马突然明白了要分享，应该告诉小鹿它们果树在哪里，大家一起分享水果。

于是，小河马叫着小伙伴一起去摘水果，大家一起分享了好吃的水果，小河马和小鹿它们又成为了好朋友，又一起开心地玩耍了。

通过这件事，小河马明白了一个道理，有东西要和好朋友一起分享，才是最快乐的。

动物世界除了主体，还涉及 9 种不同的动物形象的选择，除了小河马作为分享者外，还有 8 种小动物作为接受者。具体动物形象如图8-5 所示，儿童可以根据自己的喜好，挑选自己想要扮演的动物形象，动物形象会采用激光雕刻在积木块上。

图 8-5 动物形象设计

对于小小果树，除了主体外，还包括 9 个不同的水果图案的设计，如图 8-6 所示，玩具制作时会将水果图案激光雕刻在积木块上。水果积木会采取将水果切成几个部分，并在相应部位进行打孔，设计穿绳进行拼接的操作，增加儿童与玩具的交互方式，穿绳动作可以锻炼儿童的动手能力和逻辑判断能力。

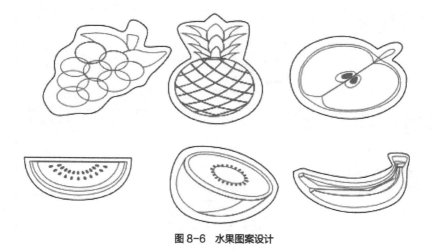

图8-6 水果图案设计

8.2.3 玩法介绍与产品功能设计

（1）玩法介绍

场景玩具玩法主要包括四个步骤，如图8-7所示。第一步是引导儿童进入游戏，对要进行的游戏进行简单说明。第二步是所有参与者进行角色的选择，明确分享者与接受者各自的角色。第三步则是儿童进行角色游戏，完成相应情节设置。最后对整个游戏进行总结。

（2）功能设计

本章设计的情景玩具，主要采用椴木为主，木材的材质具有轻巧、环保、不易变形、亲近自然等特点，能给儿童带来自然的触感，有助于儿童更快进入动物角色。对于水果的部分，将其分割成几块积木，结合穿绳动作，将水果进行积木拼接，从而使儿童与玩具有更多的交互。

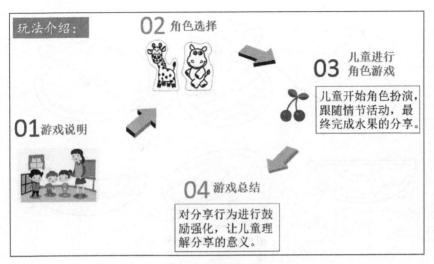

图8-7　玩具玩法介绍

8.2.4　玩具加工制作

本次玩具制作采用椴木作为主要原材料，玩具组装部件均来自椴木板，通过激光切割，将玩具部件切下，再进行拼装。玩具主体边长为400mm，主体的工程图如图8-8所示。

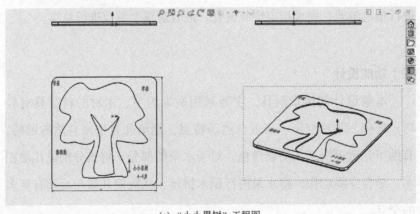

(a)　"小小果树"工程图

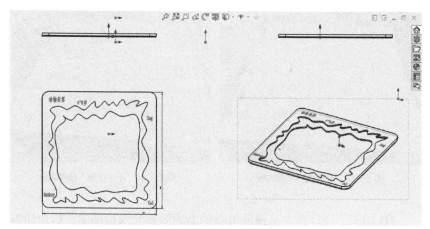

(b) "动物世界"工程图

图8-8 玩具主体工程图

玩具制作采用的椴木板长宽为840mm×840mm，厚度4mm。所有部件都是在椴木板上激光切割下来，动物以及水果图案通过激光雕刻在积木块上，激光切割过程如图8-9所示。

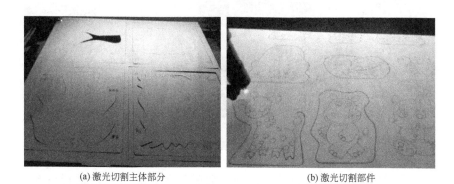

(a) 激光切割主体部分   (b) 激光切割部件

图8-9 激光切割过程

通过激光切割完成的所有玩具部件如图8-10、图8-11所示。

部件的穿绳加工包括切割、打孔、打磨、上色以及穿绳演示等步骤，穿绳玩具可以促进儿童手眼协调以及大脑发育。

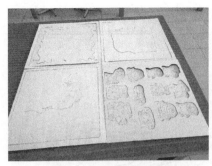
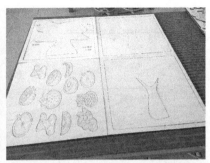

图 8-10 "动物世界"部件展示　　　　　　图 8-11 "小小果树"部件展示

① 切割工序。首先是选取可爱的动物图案和水果图案，运用切割机将其分成两块积木。加工器材采用实验室台式切割机。儿童通过穿绳动作将其拼接好，促进儿童视觉和触觉发展。具体操作如图 8-12 所示。

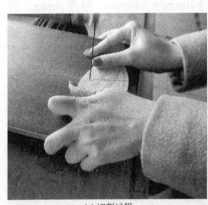

(a) 切割过程　　　　　　　　　　　(b) 切割部件展示

图 8-12　切割操作展示

② 打孔工序。穿绳操作，最主要的步骤就是对木块进行打孔，针对积木块的大小确定相应的孔的数量和位置。打孔设备为实验室台式打孔机械。具体操作如图 8-13 所示。

③ 打磨工序。椴木材料通过切割和打孔之后，积木块表面会有部分毛刺，通过打磨可以使表面光滑，不会对儿童造成伤害。打磨采用机械打磨和手动（砂纸）打磨两种方式结合。具体操作如图 8-14 所示。

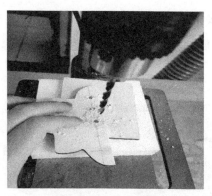

图8-13　打孔操作展示

(a)机械打磨

(b)手动(砂纸)打磨

图8-14　打磨操作展示

④上色。颜色搭配比较明亮鲜艳，有助于提升儿童的色彩认知。通过水粉颜料对各个积木块进行上色，具体操作如图8-15。

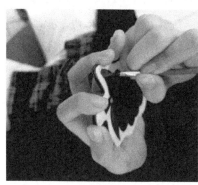

(a)上色过程

(b)上色现场

图8-15　上色操作展示

⑤ 穿绳拼接演示。用绳子穿过积木上的孔，将两块积木拼接起来，穿绳操作展示如图 8-16。穿绳动作有助于提升儿童的手眼协调能力。

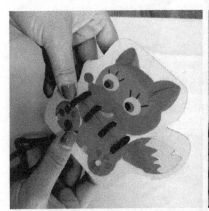

(a) 穿绳操作   (b) 穿绳样式展示

图 8-16　穿绳操作展示

8.2.5　实物展示

本次场景玩具由"动物世界"和"小小果树"两部分构成。"动物世界"包含一个由椴木板搭建的主体，如图 8-17（a）所示，图中曲线设计与自然环境中山的绵延曲折呼应。图 8-17（b）则是为"动物世界"设计的 9 个动物形象积木。玩法展示如图 8-17（c）所示，所有动物形象积木块是可以作为立牌的，儿童在玩耍时可以选择自己喜欢的小动物，立在玩具主体上任何的位置，也可以进行移动。

作为玩具场景的另一部分，"小小果树"主要包含一个主体，10 个水果积木，以及一块树形积木块。通过穿绳的方式，将水果拼接上去，如图 8-18 所示。

(a) "动物世界" 主体展示　　　(b) 动物形象积木　　　(c) "动物世界" 玩法展示

图 8-17　"动物世界"部件展示

(a) "小小果树" 主体展示　　　(b) 树形积木　　　(c) 积木块穿绳展示

图 8-18　"小小果树"部件展示

　　玩具制作过程中，为遵循不浪费的原则，主体切割下来的部分将作为玩具盒体的盖子，将小积木块放置在凹槽内，用盖子封装好，如图 8-19（a）所示，同样的，"小小果树"的树形积木块也是可以镶嵌在主体上的，如图 8-19（b）所示。玩具两部分尺寸设计是一样的，这样方便进行一起收纳，最后收纳效果如图 8-19（c）所示。

(a) "动物世界" 部分　　　(b) "小小果树" 部分　　　(c) 玩具收纳效果展示

图 8-19　收纳展示

8.3
分享启发类玩具产品对儿童
成长的作用

玩具作为儿童最早、最多时间接触的物品，不仅承担着把玩的作用，同时也承担着认知教育的作用，对于儿童分享行为的培养大多也是在玩具上实现的。幼儿教师一般也是通过玩具的分享，对儿童进行分享行为培养。一款具有分享启发的场景类玩具除了给儿童带来乐趣外，还具有分享启发的教育意义，对儿童成长的作用主要体现在以下几方面。

① 有利于帮助提升儿童对分享行为的认知。儿童随着故事节奏进行表演，通过特定的分享情节，从而促进分享行为的发生。

② 满足该阶段儿童喜欢模仿的需求。儿童对小动物的行为进行模仿的方式，可以加深儿童对动物特征的理解，同时通过角色扮演，可以满足他们情感以及沟通的表达。

③ 有助于刺激儿童的视觉、听觉的感知。积木与穿绳设计可以使儿童通过拼接和穿绳动作，对颜色、形状、大小有更好的感知，同时有助于锻炼其手眼协调能力以及感知觉。

④ 可以锻炼儿童的交往能力。通过场景玩具营造的氛围，儿童在与玩具交互以及和伙伴沟通过程中，可以让他们感受到集体活动带来的交往能力、肢体协调能力的提高。

8.4
玩具效果观测与评价

8.4.1　测试对象

测试对象为 18 名 4～6 岁儿童，其中 8 名男孩、10 名女孩均来自某幼儿园。

8.4.2　测试目的

观察儿童和伙伴们如何与玩具产生互动；记录在游戏过程中，与同伴之间的交流行为、与玩具的交互动作等；了解用户对玩具产品的使用效果。

8.4.3　测试流程

第一步是引导儿童进入游戏，对玩具进行展示。游戏主题为贪吃的小河马，小朋友可以选择动物世界玩具里的小动物进行模仿游戏，小小果树则是作为这次活动过程中小河马的分享物。

第二步是所有参与者进行角色的分配。小朋友挑选各自的角色，其中扮演小河马的小朋友是分享者的角色，其他人则是被分享者。

第三步则是儿童们正式游戏。在儿童玩玩具的同时，讲解"动物世界之贪吃的小河马"相应分享情节，引导儿童进行角色扮演。例如，将树上的水果摘下来，分给小伙伴，另外儿童可以通过完成水果积木穿绳动作，锻炼其手眼协调能力。

最后由老师对分享意义总结：通过小河马的故事，明白了一个道理，有东西要和好朋友一起分享，才是最快乐的。

8.4.4　测试结果

在测试开始之前，由幼教老师进行简单的游戏说明和玩具展示，之后再进行自由游戏，游戏玩耍照片如图 8-20 所示，对整个过程进行观察记录，观测结果记录表参考易超的《幼儿分享行为观察测量表》，对儿童在游戏过程中的参与兴趣、分享者和接受者行为、玩具操作等方面进行记录分析。观测结果见表 8-2。

(a) 老师进行玩具展示

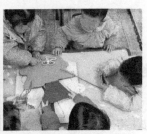
(b) "小小果树" 玩耍过程

(c) "动物世界" 玩耍过程

图 8-20　玩具游戏过程展示

表8-2　玩具实物观测结果分析

玩具实物观测结果分析			
被观察对象	18名 4~6岁儿童	地点	某幼儿园
目的	观察分析儿童在场景玩具中的行为表现		
主要观察内容	观察结果分析		
儿童对玩具的感兴趣程度，即能否激起儿童活动	1.通过老师的介绍，儿童表现出对"动物世界"玩具的浓厚的兴趣。 2.在玩耍过程中积极挑选小动物积木块与伙伴互动		
在游戏过程中，儿童是否有引起彼此的注意的行为，他是用语言表达还是非语言的表达？	1.儿童对于小动物模仿活动参与度较高，通过声音模拟小动物，获取彼此的注意。 2.由于初次玩耍，儿童对玩具玩法不是很熟悉，有个别儿童表现出观望的状态，注视着旁边伙伴		
在游戏活动期间，儿童之间的沟通以及合作情况如何？	1.玩耍过程中，儿童会相互确认手中的小动物是什么。2.在果树分享时，儿童之间会商量如何将水果取下来，没拿到水果的儿童一般会紧盯着想要的水果，摘取过程中他们会分工合作，有解开绳子的，有固定树干的，整个过程增加了儿童之间的合作与沟通		
在游戏活动期间，儿童对于场景玩具的接受程度如何，合作玩耍态度积极与否？	1.通过老师讲解，动物形象的积木很快让儿童参与其中。 2.积木的穿绳活动，能让儿童快速明白果树上的水果可以通过解开绳子取下，对于单个水果的拼接，他们会将绳子穿过孔，但交叉连接对他们来说较困难		
在游戏活动期间，儿童主动分享玩具情况如何？同伴的引起注意行为有影响到彼此吗？	1.对于动物积木的分享，已经拿到的小孩会主动与旁边的伙伴分享。果树环节，也会根据分享情节，大家一起分着把玩。 2.对于没拿到水果的儿童，会采取盯着树上水果或手指向目标玩具的方式，提醒分享者，最终成功拿到玩具		

　　通过此次观察测试，发现儿童能快速被色彩鲜明的动物积木吸引，但在积木拼接环节，由于打孔过于复杂，导致儿童拼接时产生较大挑战，需要手把手教，才能完成整个拼接。但整体上，儿童能在这次场景玩具测试中，通过模仿表现自己，也能体验到大家一起分享玩具的乐趣。此次观测结果为进一步完善儿童玩具产品提供了参考依据。

8.5
教师评价

    根据玩教具评价标准，参考田丹丹关于幼儿园自制玩教具的设计制作与评价，邀请了某幼儿园 ×× 老师等 8 名幼教参与了玩具的打分评价，评价内容主要包括可玩性、教育性、实用性、创新性、安全性五个方面。详细教师评分表如表 8-3 所示。

表 8-3　玩具评分表

玩教具教师评分表				
评分标准		分值	评分	备注
可玩性	① 能激发儿童的活动兴趣	7		
	② 操作简单有趣	7		
	③ 能促进儿童创造性	6		
教育性	① 符合《幼儿园教育指导纲要》	7		
	② 促进儿童积极参加活动，有利于儿童身心健康、分享意识的启发	7		
	③ 符合儿童身心发展特点和水平	6		
实用性	① 实用性强，好用	7		
	② 耐用，适合反复使用	7		
	③ 种类多，适合多人操作	6		
创新性	① 构思新颖	7		
	② 废旧利用	7		
	③ 知识理论、原理正确	6		
安全性	① 符合安全标准	7		
	② 符合卫生标准	7		
	③ 符合环境标准	6		
合计		100		

通过对所有参与评价老师的打分结果进行整理，由图 8-21 可以看出本次玩具的五个方面的得分情况，在教育性和可玩性方面，得分更高，从创新性得分可以看出做得还不够，还需进一步完善改进。

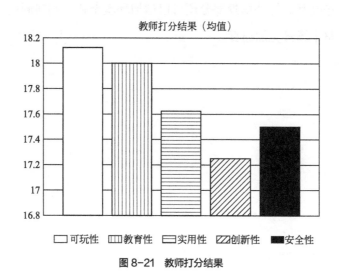

图 8-21　教师打分结果

幼儿园某老师根据在与儿童进行玩具玩耍时的感受，对本次玩具提出了以下评价与建议：

① 在教育性方面，玩具采用积木与穿绳设计，儿童通过拼接和穿绳动作，对其手眼协调以及感知觉的发展是有促进效果的。另外积木块上动物形象活泼、颜色鲜亮，有利于儿童对颜色、形状、大小的感知，场景玩具结合分享故事情节，是启发儿童分享意识的很好的途径。

② 在可玩性方面，开放式的设计使儿童有足够的自由发挥空间，更多的创造可能，也增添了趣味性。但对于玩具穿绳设计，该阶段

的儿童只能进行简单的穿过动作，对于穿出的复杂样式还不能单独完成。

③ 在创新性方面，玩具积木形象设计不够丰富多样，除常见形象外，可以适当增加一些不常见的，如鲸鱼、虎豹，增加儿童的好奇心，促进交互。另外场景部分还可以增加环境布置，例如假山、池塘等，让整个场景更加逼真。

参考文献

[1] 王继成. 产品设计中的人机工程学[M]. 北京：化学工业出版社，2004.

[2] 王熙元，吴静芳. 实用设计人机工程学[M]. 上海：中国纺织大学出版社，2001.

[3] 赵江洪. 人机工程学[M]. 北京：高等教育出版社，2006.

[4] 孙远波. 人因工程基础与设计[M]. 北京：北京理工大学出版社，2010.

[5] Fan Xiaoli, Zhao Chaoyi, Luo Hong, et al. An event-related potential objective evaluation study of mental fatigue based on 2-back task[J]. Journal of biomedical engineering, 2018, 35（6）：3-5.

[6] 张智君，唐日新. 慢性疲劳综合征的心理特征、认知特征及研究展望[J]. 中华流行病学杂志，2003，09：34-37.

[7] 王先华. 浅谈人物角色在交互设计中的应用研究[J]. 艺术与设计（理论），2008，06：12-13.

[8] 张伟. 人因可靠性研究巨著：评《数字化核电厂人因可靠性》[J]. 人类工效学，2019，25（04）：2.

[9] 王延斌，张伟. 工效学研究中的人体运动跟踪技术[J]. 人类工效学，2007，02：29-31.

[10] 颜声远，许彧青，陈玉. 人机工程与产品设计[M]. 哈尔滨：哈尔滨工业大学出版社，2017.

[11] 吴慧兰. 人因工程实验[M]. 上海：华东理工大学出版社，2014.

[12] 丁玉兰，程国萍. 人因工程学[M]. 北京：北京理工大学出版社，2013.

[13] 马广韬. 人因工程学与设计应用[M]. 北京：化学工业出版社，2013.

[14] 郭伏，钱省三. 人因工程学[M]. 北京：机械工业出版社，2006.

[15] 阮宝湘. 工业设计人机工程[M]. 北京：机械工业出版社，2005.

[16] 孔庆华. 人因工程基础与案例[M]. 北京：化学工业出版社，2008.

[17] 盖伊 H 沃克. 汽车人因工程学[M]. 王驷通，译. 北京：机械工业出版社，2018.

[18] Neville A, Stanton Paul M, Salmon, et al. Walker Human Factors Methods: A Practical Guide for Engineering and Design[M]. 2nd ed. Chongqing: Chongqing Southwest China Normal University Press CO. , 2017.

[19] 威肯斯，李 J D，刘乙力. 人因工程学导论[M]. 张侃，等译. 上海：华东师范大学出版社，2007.

[20] 孙林岩. 人因工程[M]. 北京：中国科学技术出版社，2005.

[21] 何灿群. 产品设计人机工程学[M]. 北京：化学工业出版社，2006.

[22] 夏敏燕. 人机工程学基础与应用[M]. 北京：电子工业出版社，2017.

[23] 张宇红. 人机工程与工业设计[M]. 北京：中国水利水电出版社. 2011.

[24] 王熙元. 环境设计人机工程学[M]. 上海：东华大学出版社，2010.

[25] 马江彬. 人机工程学及其应用[M]. 北京：机械工业出版社，1993.

[26] 简召全，玛明，朱崇贤. 工业设计方法学[M]. 北京. 北京理工大学出版社. 2003.

[27] 王甦. 汪安圣. 认知心理学 [M]. 北京：北京大学出版社，1992.

[28] 石英. 人因工程学[M]. 北京：清华大学出版社，北京交通大学出版社，2011.

[29] 刘志辉. 外骨骼上肢运动功能康复系统的人因工程研究[D]. 东华大学，2017.

[30] 张春霞. sEMG技术下压缩裤对跑步中下肢肌肉疲劳的影响及阈值研究[D]. 东华大学，2018.

[31] 徐昌. 虚拟现实环境中目标形态对移动操作方式的效率影响研究[D]. 东华大学，2018.

[32] 高甜甜. 基于ERP/EEG下移动终端的数据可视化认知负荷研究[D]. 东华大学，2018.

[33] 仇裕翔. 一款新型拇外翻矫形器的设计研究[D]. 东华大学，2017.

[34] 王鸽. 高速列车座椅靠背的曲面优化设计研究[D]. 东华大学，2017.

[35] 汪丽娜. 基于SPD的高铁椅面舒适度研究[D]. 东华大学，2017.

[36] 康国芳. 手机界面中图形单元的认知负荷研究[D]. 东华大学，2017.

[37] 刘利. 固定式和非固定式踝足矫形器对肌肉疲劳度影响的研究[D]. 东华大学，2016.

[38] Guldemond N A , Leffers P , Schaper N C , et al. The effects of insole configurations on forefoot plantar pressure and walking convenience in diabetic patients with neuropathic feet[J]. Clinical Biomechanics, 2007, 22（1）:1-87.

[39] Eun Kim Ji, Kessler Larry, McCauley Zach, et al. Human factors considerations in designing a personalized mobile dialysis device: An interview study[J]. Applied Ergonomics, 2020, 85.

[40] Marie Laberge, Sandrine Caroly, Jessica Riel, et al. Considering sex and gender in ergonomics: Exploring the hows and whys[J]. Applied Ergonomics, 2020, 85.

[41] Albolino Sara, Beleffi Elena, Thatcher Andrew. Ergonomics in a rapidly changing world. [J]. Ergonomics, 2020, 63 (3): 10-12.

[42] Thatcher Andrew, Nayak Rounaq, Waterson Patrick. Human factors and ergonomics systems-based tools for understanding and addressing global problems of the twenty-first century. [J]. Ergonomics, 2020, 63 (3): 18-19.

[43] Laura Marín-Restrepo, Maureen Trebilcock, Mark Gillott. Occupant action patterns regarding spatial and human factors in office environments[J]. Energy & Buildings, 2020, 214.

[44] Sergi Garcia-Barreda, Camarero J Julio, Sergio M. Vicente-Serrano, Roberto Serrano-Notivoli. Variability and trends of black truffle production in Spain (1970-2017): Linkages to climate, host growth, and human factors[J]. Agricultural and Forest Meteorology, 2020, 287.

[45] 郭伏, 李美林, 屈庆星. 基于感性工学的电子商务网页外观设计优化[J]. 人类工效学, 2013, 19 (03):56-60.

[46] 赵朝义. 人类工效学基础数据调查研究[J]. 人类工效学, 2013, 19 (01):76-79.

[47] 李森, 郭伏, 张勇, 等. 基于消费者感性需求的产品造型材质选择方法[J]. 工业工程与管理, 2010, 15 (06):95-99+107.

[48] 朱伟, 张智君. 不同键盘、输入速度的sEMG、绩效及舒适性比较[J]. 人类工效学, 2010, 16 (03):1-4.

[49] 郭伏, 孙永丽, 叶秋红. 国内外人因工程学研究的比较分析[J]. 工业工程与管理, 2007, 06:118-122.

[50] Strokina Alla. Anthropological research in reference to ergonomics[J]. Journal of physiological anthropology and applied human science, 2005, 24 (4): 1-3.

[51] Jan Dul, Waldemar Karwowski. An assessment system for rating scientific journals in the field of ergonomics and human factors[J]. Applied Ergonomics, 2004, 35 (3): 20-21.

[52] Dul Jan, Karwowski Waldemar. An assessment system for rating scientific journals in the field of ergonomics and human factors[J]. Applied ergonomics, 2004, 35 (3): 18.

[53] Göran M. Hägg. Corporate initiatives in ergonomics—an introduction[J]. Applied Ergonomics, 2003, 34 (1): 10-12.

[54] Roetting M, Luczak H. Ergonomics as integrating constituent in occupational safety and health--past, present, and future. [J]. International journal of occupational safety and ergonomics : JOSE, 2001, 7(4): 7-9.

[55] Zink K J. Ergonomics in the past and the future: from a German perspective to an international one. [J]. Ergonomics, 2000, 43(7): 3-5.

[56] Gassett R S, Hearne B, Keelan B. Ergonomics and body mechanics in the work place. [J]. The Orthopedic clinics of North America, 1996, 27(4): 11-13.

[57] Gregory D, Elizabeth D Mynatt. Charting past, present, and future research in ubiquitous computing[J]. ACM Transactions on Computer-Human, 2012.

[58] Pass F. Sweller J. Implications of cognitive load theory for multimedia learning [J]. The Cambridge handbook of multimedia learning, 2014, 27(2) :7-12.

[59] Robin W. The Non-Designer's Design Book[M]. Peachpit Press, 2014.

[60] Owen A M, Mcmillan K M, Laird A R, et al. N back working memory paradigm: A meta analysis of normative functional neuroimaging studies[J]. Human brain mapping, 2005, 25(1): 46-59.

[61] Hunston M. Innovative thin-film pressure mapping sensors[J]. ensor Review, 2002, 22(4): 319-321.

[62] 庄燕子, 蔡萍, 周志锋, 等. 人体压力分布测量及其传感技术[[J]. 传感技术学报, 2005.

[63] Liesbeth Groenesteijn, Rolf P Ellegast, Kathrin Keller, et al. Office task effects on comfort and body dynamics in five dynamic office chairs [J]. Applied Ergonomics43, 2012, 320-328.

[64] 付琳. 基于虚拟现实的多媒体交互设计浅析[J]. 北京印刷学院学报, 2013, 21(1) :24-27.

[65] Van Swigchem, Root, Roerdink, et al. The Capacity to Restore Steady Gait After a Step Modification Is Reduced in People With Poststroke Foot Drop Using an Ankle-Foot Orthosis[J]. Physical Therapy, 2014, 5: 7-8.

[66] 皮喜田, 陈峰, 彭承琳, 等. 利用表面肌电信号评价肌肉疲劳的方法[J]. 生物医学工程学杂志, 2006, 23(1): 225-229.

[67] Rodriguez-Falces J, Neyroud D, Place N. Influence of inter-electrode distance, contraction type, and muscle on the relationship between the s EMG power

spectrum and contraction force[J]. European Journal of Applied Physiology, 2014, 115 (3): 627-638.

[68] 张风军, 戴国忠, 彭晓兰. 虚拟现实的人机交互综述[J]. 中国科学, 2016, 46 (12): 1711-1736.

[69] 李敏, 韩丰. 虚拟现实技术综述[J]. 软件导刊, 2010, 9 (6): 142-144.

[70] Levin M F, Weiss P L, Keshner E A. Emergence of Virtual Reality as a Tool for Upper Limb Rehabilitation: Incorporation of Motor Control and Motor Learning Principles[J]. PHYSICAL THERAPY, 2015, 95 (3): 415-425.

[71] 唐智. 产品改良设计[M]. 2版. 北京: 中国水利水电出版社, 2019.